# 视觉逻辑学习研究

郭 倩 著

U0211756

哈尔滨工业大学出版社

**图书在版编目（CIP）数据**

视觉逻辑学习研究／郭倩著． — 哈尔滨：哈尔滨
工业大学出版社，2024.1
ISBN 978-7-5767-1249-0

Ⅰ．①视… Ⅱ．①郭… Ⅲ．①机器学习 Ⅳ.
①TP181

中国国家版本馆 CIP 数据核字（2024）第 050286 号

策划编辑　常　雨
责任编辑　邵长玲
装帧设计　博鑫设计
出版发行　哈尔滨工业大学出版社
社　　址　哈尔滨市南岗区复华四道街 10 号　邮编 150006
传　　真　0451－86414749
网　　址　http://hitpress.hit.edu.cn
印　　刷　哈尔滨市颉升高印刷有限公司
开　　本　787 mm×1 092 mm　1/16　印张 9.5　字数 183 千字
版　　次　2024 年 1 月第 1 版　2024 年 1 月第 1 次印刷
书　　号　ISBN 978-7-5767-1249-0
定　　价　69.00 元

# 前　　言

　　逻辑是思维的规则和规律,是人类高阶智能的体现。人工智能的目标之一是最大限度地模仿人类的认知功能,逻辑作为认知功能的一部分,也是人工智能中的一项重要任务。为了模拟人类的推理能力,科研学者针对不同任务构建了不同形式的推理模式/规则方法,这些专家定义的推理方法推动了人工智能在逻辑推理方面的发展。然而,由于人类认知的局限性,其可能无法很快找到甚至无法找到隐藏在复杂环境或系统内部的逻辑关系,这意味着人类无法定义全部的逻辑规则。

　　为了打破专家定义的推理方法需要人类定义的局限性,本书提出了数据驱动的逻辑学习范式,旨在未定义任何逻辑模式的前提下,使机器直接从数据中学习逻辑模式,做到自动学习、推理,其有望成为新逻辑模式发现的有效途径。同时,逻辑学习旨在将逻辑模式通过学习模型进行表示和归纳,使机器可以同时进行感知和推理,端到端的完成逻辑推理任务,从而发挥连接主义与符号主义各自的优势。这种学习范式有望建立起连接主义与符号主义二者之间的桥梁。

　　基于以上分析,并结合视觉符号具有不受认知水平限制和蕴含一些语义关系信息的天然优势,本书从视觉角度出发,聚焦算术逻辑、布尔逻辑、抽象推理、序列逻辑、跨阶逻辑、广义布尔逻辑检索等逻辑学习问题,从逻辑的可学习性、系统性验证和应用三个层次对数据驱动的视觉逻辑模式发现方法展开了相关研究,致力于使机器具有逻辑推理能力,从而推动人工智能的发展。本书的研究成果和创新概括如下:

　　1. 提出了逻辑的可学习性假说,建立了基本的视觉逻辑学习建模体系,为数据驱动的逻辑学习提供了基础保障。

　　本书提出了“逻辑模式可以直接从给定的数据中学习得到”的假说,为了论证该假说,从机器学习角度给出了逻辑学习的定义、逻辑系统的定义以及逻辑学习任务的推理形式。首次明确提出了一个从图像中学习逻辑模式的任务,即 LiLi (Logic could be Learned from Images)任务,该任务是在未定义任何推理模式的前提下直接从图像中学习和推理逻辑关系;在 LiLi 任务框架下,作为视觉逻辑学习的初步探索,设计了 3 个布尔逻辑数据集(Bitwise And、Bitwise Or 和 Bitwise Xor)和 3 个算术逻辑数据集(Addition、Subtraction 和 Multiplication),对于机器来说图像的内容与图像之间内嵌的逻辑规则是未知的,在上述数据集上对现有的代表性深

1

度神经网络的逻辑推理能力进行评估,得到如下结论:在未定义逻辑模式的前提下,逻辑模式是可以从图像中直接学习得到的,但并非全部的逻辑任务都是可学习的;针对上述评价模型在复杂逻辑任务中表现不佳的问题,设计了分治模型(Divide and Conquer Model,DCM),这种新颖的网络框架使极具挑战的乘法算术逻辑的准确度大幅提升,为复杂逻辑任务的学习提供了新思路。

2. 构建了抽象推理、序列逻辑、跨阶逻辑等复杂视觉逻辑任务,系统性地验证了逻辑可学习假说,为逻辑学习领域提供了崭新的研究视角。

在抽象推理方面,构建了抽象推理数据集 FNP(Fashion Non - Descending Path),为抽象推理任务提供了更鲁棒、更安全、更具挑战性的评测数据集;在 FNP 上重新评估了代表性抽象推理方法,实验结果表明,利用数据集推理路径信息设计的网络存在泛化性弱的问题;将多尺度建模思想引入到关系网络的设计过程中,提出了可以很好平衡面板之间关系规模和多样性的多粒度多尺度关系学习模型,解决了现有模型对数据集推理路径探索不充分的问题。

在序列逻辑方面,提出了一个序列逻辑任务 Fashion - Sequence,构建了面向等差、等比、斐波那契、卢卡斯等的视觉序列数据集,构建了一种数据驱动的自适应上下文序列权重分配的序列预测方法,为序列逻辑任务提供了新的建模思路。

在跨阶逻辑方面,提出了跨阶视觉逻辑任务,构建了一个跨阶逻辑数据集 Open - set Fashion - Logic。在该数据集中,测试集的位数长度和序列长度与训练集的位数长度和序列长度是完全不同的。借鉴人类的多粒度认知,提出了粒化逻辑推理学习模型,突破了传统机器学习范式,为解决开放逻辑学习任务提供了一种新视角,促进了数据驱动逻辑学习的研究。

3. 提出了内嵌图像语义的广义布尔逻辑检索任务,构建了多元逻辑融合学习模型,奠定了基于逻辑语义的图像检索新范式。

以图搜图是用户常用的检索方式,然而当前检索系统一般只支持单张图像的搜索,这极大地限制了用户体验。以关键词为形式的检索数据库可以轻易地实现多个关键词检索,这是由于布尔逻辑检索方法针对的是关键词这种精确的符号形式,但其无法面向图像符号进行检索。本书提出了内嵌图像语义的广义布尔逻辑检索任务,构建了第一个视觉逻辑检索数据集,从视觉布尔逻辑学习的角度,设计了可以实现两张及以上图像检索任务的多元逻辑融合学习模型,为以图搜图背景下的用户提供了更加多样化的检索方式,奠定了基于逻辑语义的图像检索新范式。

基于上述系统研究,本书在逻辑的可学习性、系统性验证和应用三个层次都取得了重要研究成果,初步形成了一个面向算术逻辑、布尔逻辑、抽象推理、序列逻辑、跨阶逻辑等逻辑任务的数据驱动的视觉逻辑模式发现方法体系,同时面向内嵌图像语义检索的多元逻辑融合学习模型做了应用验证,为擅长推理的符号主义和擅长感知的连接主义的统一提供了一个有效思路,为逻辑模式发展提供了新的途径和指导性方法,对图像检索、化学反应结果预测等相关领域具有实际的应用价值。

在撰写本书的过程中,作者查阅了大量文字资料,得到了导师钱宇华教授、院领导崔志华教授、各位同事以及师门手足的鼎力相助,在此深表谢意。本书受国家高层次人才项目、科技创新 2030 –"新一代人工智能"重大项目(批准号:2021ZD0112400)、国家重点研发计划(批准号:2018YFB1004304)、国家自然科学基金重点项目(批准号:62136005)、国家自然科学基金青年项目(批准号:62306171)、山西省基础研究计划青年项目(批准号:202203021222183)、山西省高等学校科技创新计划项目(批准号:2022L296)、智能信息处理山西省重点实验室开放课题基金资助项目(编号:CICIP2023005)、大数据分析与并行计算山西省重点实验室开放课题(编号:BDPC – 23 – 003)、太原科技大学博士科研启动基金项目(编号:20222106)、来晋工作优秀博士奖励资金(编号:20232029)的资助,在此一并感谢。最后,书中难免有不足之处,恳请读者不吝赐教。

作　者

2023 年 5 月

# 目　　录

# 第一章 绪 论

## 第一节 研究背景和意义

### 一、逻辑是人类高阶智能的体现

斗转星移,春去秋来,大自然的一切看似无迹可寻,实则蕴含着高维的模式与秩序。雪花的形状看似千变万化,实则几乎每一片雪花都呈现六角形,究其根本在于形成雪花的晶体是六角形的,人类智能集成了如感知、学习、记忆、问题解决和逻辑推理等各种认知功能,其中,逻辑推理是人类智力的一项重要能力。

逻辑指的是思维的规则和规律,运用逻辑推理能力,人类可以从宇宙复杂的现象中挖掘一些隐藏的规则,甚至可以预测未知的事件。内到生产生活,古人从复杂的气象变化中挖掘出气候更迭规律,总结出二十四节气用以指导农耕,这是劳动人民逻辑推理智慧的体现。外至太空星体,Urbain Le Verrier 和 John Couch Adams 通过计算的方式预测出了海王星的存在并给出了它的所处位置,而后柏林天文台通过天文望远镜验证其确实存在,这一发现过程是人类运用逻辑推理的巨大成功。对于人类来说,逻辑是智力的阶梯,是高阶智能的体现。

### 二、逻辑是人工智能的重要研究内容

近年来,我国对人工智能的关注程度进一步提高,在"十四五"规划中曾六次提到"人工智能"。人工智能的目标之一是模拟人类的各种认知功能,逻辑作为认知功能的重要组成部分,也是人工智能中的一项重要任务。逻辑推理研究也同时推动了人工智能领域中医学诊断、群体决策、特征选择、目标识别、多模式分类等其他各个任务的发展。例如,Ivan 等提出的将神经网络与一阶模糊逻辑相结合的逻辑张量网络能够提高语义图像解释性能。Tran 等提出了一种将符号表示和定量推理相结合的深度逻辑网络,证明了逻辑规则的使用有利于网络性能的提高。

为了模拟人类的推理能力,科研学者针对不同应用情况已构建了不同形式的推理模式/规则方法,如粒逻辑、粗糙推理、模糊推理、证据推理、概率推理、定量推理和贝叶斯推断。上述专家定义的推理方法已对人工智能发展做出显著贡献,然而由于人类认知的局限性,在一些复杂的环境或系统中,人类无法很快找到甚至无法找到隐藏在其中的逻辑关系,也就是说,人类无法定义全部的逻辑规则,其定

义逻辑规则具有非完备性。如图1.1所示,玛雅文明和甲骨文是人类历史的珍贵财富,然而,经过考古学家们的不懈努力仅破解了部分玛雅文明和甲骨文含义,还有大量的玛雅文明和甲骨文含义尚未破解,另外,至今为止无人能够解读斐斯托斯圆盘。人类数百万年来与环境交互总结出的逻辑与定义的推理方法是有限的,不足以支撑文明发展到更高的等级。

(a) 玛雅文化　　　　　　　(b) 甲骨文　　　　　　　(c) 斐斯托斯圆盘

**图1.1　复杂系统示例**

## 三、逻辑学习有望建立起连接主义与符号主义之间的桥梁

众所周知,连接主义和符号主义是人工智能的两大学派。连接主义以人工神经网络为模型,学习能力强,适合模式识别(感知)、预测等。目前,深度学习已经在语音识别、人脸识别等领域取得了极大的成功。连接主义的优点是可通过调节权重系数自动学出最优模型,缺点是可解释性差。符号主义以符号、规则、语法等为知识表示手段,通过逻辑推理、搜索等方式解决问题,机器定理证明是其代表性成果之一。纽约大学名誉教授 Gary Marcus 指出:"世界上的许多知识,从历史到技术,目前主要以符号形式出现。"符号主义的优势是具有可解释性,然而其在面临一些大规模复杂求解问题时能力有限。

迄今为止,连接主义和符号主义分别倾向感知和推理,各自成线独立发展,如图1.2所示。在当前机器学习系统中,感知和推理由于求解方式不同往往无法兼容,这大大影响了它们在解决复杂问题时的效果,限制了其在一些实际问题中的使用范围。

人类可以将感知和推理这两种能力有机地结合在一起,灵活的运用它们解决一些大规模复杂问题。为了使人工智能具有这种能力,本书提出逻辑学习,旨在将逻辑模式通过学习模型进行表示和归纳,从而发挥连接主义与符号主义各自的优势,端到端的完成逻辑推理任务。逻辑学习使机器可以同时进行感知和推理,有望建立起连接主义与符号主义二者之间的桥梁。

图1.2 连接主义与符号主义

### 四、逻辑学习有望成为新逻辑模式发现的有效途径

猜想是数学进步的生产力之一,数百年来,猜想的提出主要靠少数天才科学家的经验和直觉。2021 年,DeepMind 与数学家合作,创造性的通过人工智能方法提出猜想,开辟了猜想产生的全新道路,相关成果发表于《自然》(Nature)上,具体来说,首先假设数学对象之间存在某关系或模式,然后 DeepMind 采用监督学习的方式来验证其是否存在,最后用归因技术对存在的关系或模式进行辅助理解,从而发现数学猜想。近日,DeepMind 与牛津大学古典学院等机构合作的深度神经网络 Ithaca 再登《自然》封面,Ithaca 首次实现运用人工智能方法修复受损铭文、定位铭文原始位置及书写日期,使用其来协助历史学家进行古文修复工作,可将重建准确度提升至 62%。这些成果表明数据驱动的机器学习能够帮助人类从大数据中发现新的猜想和模式。正如世界著名数学家 Geordie Williamson 教授所说:"数学家可以依靠经验与直觉发现很多规律与模式,但人工智能可能找到人类不容易发现的关联。"

尽管现有逻辑推理方法已取得了卓越的成绩,然而这些工作大多仍需要专家辅助参与,其实现方法并非纯数据驱动。此外,这些工作是从某一具体任务出发,而非系统化地对逻辑进行研究。为了打破专家定义的推理方法需要人类定义的局限性,本书提出数据驱动的逻辑学习。逻辑学习旨在未定义任何逻辑模式的前提下,使机器直接从数据中学习逻辑模式,做到自动学习、推理,其有望成为新逻辑模式发现的有效途径。

### 五、视觉逻辑学习具有天然的模式发现优势

本书采用视觉符号进行逻辑学习,这是由于视觉符号本身具有一定的天然优势:(1)视觉符号不受认知水平限制,例如,外国人在理解中文符号时较为困难,而

全世界的人对蜜蜂、蝴蝶等视觉符号的认知是一致的。(2)视觉符号蕴含一些语义关系信息,而在专家系统中通常使用抽象符号来构建系统,这些抽象符号是约定俗成的,本身不具有任何语义信息。如图1.3所示,在抽象符号中,001、010和100分别表示"蝴蝶""蜜蜂"和"狐狸",001、010和100本身不具有任何语义信息,而在视觉符号中,可以观察出"蜜蜂"和"蝴蝶"都会飞,因此二者语义上较近,"蜜蜂"和"狐狸"共同点较少,因此二者语义上较远。

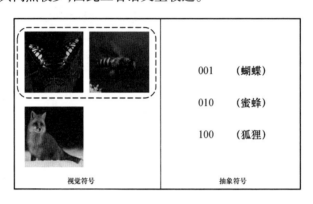

**图 1.3  视觉符号与抽象符号**

基于以上分析,本书从视觉角度出发,面向视觉算术逻辑与布尔逻辑、抽象推理、序列逻辑、跨阶逻辑等逻辑学习问题展开了相关研究,同时面向内嵌图像语义的广义布尔逻辑检索任务做了应用验证,致力于使机器具有逻辑推理能力,从数据中自动学习逻辑模式,从而推动人工智能的发展。逻辑学习的最终目标是使机器可以自适应的产生一些人类未知的智能,以应对更加复杂的智能任务。

# 第二节  国内外研究现状

人工智能旨在使机器像人一样进行学习和推理。其中,机器学习理论与方法已在广泛领域中取得优异成果。与之相比,人类用来挖掘事物本质特征和内在关系的逻辑学习由于其存在巨大的挑战而取得的进展较为缓慢。下面,将从算术逻辑、抽象推理、序列预测、跨阶逻辑和图像检索这几个方面对国内外研究现状进行回顾。

## 一、算术逻辑

几乎全部软件都是通过将算术运算和布尔运算进行合成而形成更复杂的算法。由于算术逻辑运算规则的广泛性,因此其常被用来作为逻辑可学习的研究对象。视觉算术逻辑的输入与输出都是图像,机器通过学习得到输入与输出之间的逻辑模式,然后对未知输入进行预测得到输出图像。解决视觉算术逻辑的一个直接思路是,使用 OCR 等工具识别出图像中的数字符号,然后使用现有算术运算方法完成后续推理过程。该思路将整个过程分为感知和认知,然后分别对其进行学习。

在遵循传统机器学习范式的基础上(训练集分布与测试集分布一致),一些工作在该任务上实现了端到端的学习方式。例如,Hoshen 等人使用多层感知机代替了分别处理子任务的学习方式,首次展示了端到端从图像中学习加减运算是可行的,其从图像中学习乘法运算效果较差。Andrés 等人设计了由卷积神经网络、长短期记忆网络(Long – Short Term Memory,LSTM)和回归学习器组合的模型来学习推理由手写数字和运算符组成的序列算术逻辑,当该模型输入序列长度为 7 时,加、减和加减混合运算的精度分别为 76.8%、86.1% 和 85.7%。模型需要在没有被教授数字含义以及运算符含义的情况下学会算术逻辑,这个任务类似于在语言不通的情况下,将算术运算教给对方。

此外,对于视觉算术逻辑任务来说,使用不同的符号系统难度是不同的。在文献[41]中,分别采用阿拉伯数字和罗马数字作为图像的内嵌对象进行视觉加法逻辑学习,实验结果表明,采用罗马数字进行视觉端到端学习确实更具挑战性。

尽管现有视觉算术逻辑学习已经取得了一定进展,然而其还存在以下三方面挑战:(1)从逻辑规则的难度上来看,其在较复杂的逻辑规则上(如乘法)的效果尚待进一步提升,尚需设计结构更合理的数据驱动模型。(2)从逻辑规则的种类上来看,其相对单一,未考虑布尔逻辑等其他逻辑规则。(3)从符号系统上来看,需要在更具挑战性的符号系统上对视觉算术逻辑学习进行进一步分析。

## 二、抽象推理

抽象推理是逻辑学习中的代表性工作之一。一方面,它常被用来测试不同机器的推理能力高低;另一方面,机器可以从中学习获取一定的推理能力,从而提升机器的智能水平。到目前为止,研究者已经设计了一些用于抽象推理任务的基准数据集,例如,程序生成矩阵数据集(Procedurally Generating Matrices,PGMs)和 RAVEN。这些基准数据集由上下文面板和选项面板组成,一个优秀的机器可以通过推理隐藏在上下文面板中的逻辑关系从选项面板中选择正确的答案。

近年来,越来越多的研究者开始关注抽象推理任务,并且提出了许多针对该任务的模型。文献[47]是抽象推理的一个早期尝试,Hoshen 等人分别使用标准的 CNN 和自动编码器对选项式问题和开放式问题进行了一些推理研究。选项式问题是指从选项面板中选择正确的答案,开放式问题是指预测下一个面板的内容。Santoro 等注意到关系网络(Relation Network,RN)模块擅长推理对象之间的关系,因此提出了 WReN(Wild Relation Network)模型,WReN 多次使用关系网络模块来发现全部成对面板之间的逻辑关系,然而,WReN 只考虑成对面板之间的逻辑关系,也就是假设所有成对面板都包含某种逻辑关系。事实上,有些成对面板之间可能是无关的,而有些逻辑关系可能涉及两个以上的面板。Zheng 等注意到 PGM 中逻辑模式的变化方向总是沿着行、列或者行和列,并且每行或列由三个面板组成。基于以上先验信息,Zheng 等提出了特征鲁棒抽象推理方法(Feature Robust Abstract Reasoning,FRAR),FRAR 中的逻辑嵌入网络(Logic Embedding Network,LEN)考虑所有的三三面板之间的逻辑关系。由于 LEN 只考虑三三关系,一旦数据集中的推理路径发生改变,LEN 的性能可能面临下降。LEN 这种强目的性的做法不利于发现合适的推理结构。

这就引出了一个有趣的研究:什么样的网络结构更适合于抽象推理任务?研究者已经提出了一些有效的网络结构。例如,Jahrens 和 Martinetz 提出了多层关系网络(Multi – Layer Relation Networks,MLRN),该网络一开始被用于问答任务中。在问答任务中,MLRN 组合对象和问题对作为第一个 RN 层的输入,然后融合与每个对象相关的输出作为该对象的特性,接下来组合这些特征和问题对作为下一个 RN 层的输入,不停迭代该过程直到完成 MLRN 中指定数量的 RN 层操作为止。在文献[50]中,Jahrens 和 Martinetz 将 MLRN 与 WReN 相结合,并将其应用于抽象推理任务中。在抽象推理任务中,MLRN 看起来考虑了多个面板之间的逻辑关系,但实际上它在第一个 RN 层只考虑了成对面板之间的逻辑关系,后续所有操作都是在此考虑前提下完成的,这导致 MLRN 中仍然缺乏一些逻辑关系的考虑。以上研究表明,考虑更多的逻辑关系有助于提高模型的推理能力。

尽管针对抽象推理任务已经取得了一定的研究成果,然而现有模型的结构尚存在不足,为进一步提高抽象推理任务的性能,需要在保证模型的规模不失控的前提下考虑更多的多元面板之间的逻辑关系,设计更合适的模型结构。此外,现有基准数据集大多由一些简单的几何形状和推理路径组成,存在以下三个问题:(1)对机器来说,从简单的几何形状中推理出正确答案是相对容易的。(2)由于几何形状的数量有限,可能存在推理信息泄露的问题。(3)基准数据集中的推理路径都是事先已知的,某些推理模型可以针对已知的推理路径进行专门设计。因此需要设计更复杂的抽象推理数据集,从而更公平地测试现有模型的推理性能。

## 三、序列预测

序列预测,指的是根据一列按某种顺序排列的对象或事件来预测下一个对象或事件。序列预测方法在各个领域之中具有广泛的应用,例如,股票市场预测、厄尔尼诺预测、天气预测等。对序列下一项的正确预测可以有效帮助人们预测事物未来发展趋势,研究对策规避可能存在的风险。

股票市场预测指的是采取一定的方法估计股票未来价值的行为。早期常采用统计模型如广义自回归条件异方差(GARCH)等来对其进行预测,并取得了一定的预测效果。然而,设计的统计模型的限制与约束较多,这导致其在使用过程中因无法满足这些限制或约束而导致效果大打折扣。随着深度学习在图像等领域的显著表现,研究者开始采用深度学习的方法来进行股票市场预测并取得了不错的效果。例如,Chen 等将股票数据转化为特征序列和多个标记,然后输入到 LSTM 模型中进行训练得到可预测模型。因此,设计数据驱动的预测方法对性能的提升是有一定帮助的。

厄尔尼诺暖流是太平洋一种反常的自然现象,该事件的发生将造成全球气候异常改变,严重时甚至造成气象灾害的发生,因此对厄尔尼诺进行有效预测可以帮助人类规避由此引起的损失。到目前为止,在进行厄尔尼诺现象预测时以动力模型和统计模型为主,这两种方法都能在一定程度上反映厄尔尼诺现象的规律。然而厄尔尼诺现象的产生十分复杂,人类掌握的物理规律和历史资料有限,对超过一年的前置时间的厄尔尼诺事件的预测效果不稳定。2019 年,Ham 等人采用卷积神经网络来进行厄尔尼诺现象的预测,该模型将可预测窗口提升至一年半,并且 Nino3.4 指数远高于当时最先进的动态预测系统。然而,该模型未考虑输入序列中各图像的贡献度可能是不同的。考虑贡献度之后,有利于充分利用贡献度高的图像,减少冗余图像对最终结果的影响。

天气预报与每个人息息相关,人类会根据其调整出行计划,规避暴雨、台风等极端天气的影响。与厄尔尼诺现象预测类似,在进行天气预测时也是以动力模型和统计模型为主,然而由于天气预测涉及的影响因素十分多且复杂,物理建模时对物理定律的近似值非常敏感,这导致预测精度有时候差强人意。近年来,研究者开始使用深度学习网络来实现历史输入到预测之间的复杂转换,并取得了不错的效果。例如,谷歌提出 MetNet 方法来进行天气预测,该模型将时序图像按顺序输入时间编码器中进行编码,然后采用空间聚集器进行分析得到一个概率分布。其中,时间编码器采用 ConvLSTM 实现,ConvLSTM 对距离当前时刻近的图像给予更多的关注度,空间聚集器采用轴向自关注实现,使得 MetNet 的感受也具有长距离空间依赖性。与传统方法相比,该方法预测速度快、计算消耗小、准确度高。该方法考虑了输入序列中各图像的贡献度,但依靠经验认为离当前时刻近的数据应给予更多的关注度,然而天气的形成机理十分复杂,自适应地学习关注度可能更加合理。

尽管关于序列预测的研究已经取得了长足发展,然而其在实际应用中仍面临许多难题。通过上述分析可知,对于序列预测问题来说,一方面,因人类掌握专家知识的有限性,无法准确建模全部与预测相关的模式,因此设计数据驱动的预测方法是十分必要的;另一方面,在有些序列预测任务里,同等或更关注离当前时刻近的数据可能不是最佳方法,因此应对序列的输入设计自适应的权重分配方案。

### 四、跨阶逻辑

在传统机器学习范式下（假设训练集和测试集数据分布一致），很多任务都取得了不错的性能，然而，在实际生活中，这种假设时常得不到满足。因此，研究数据分布不一致情况下的学习任务是十分重要的。逻辑推理，作为人工智能的重要研究内容之一，探索其如何可以进行跨阶推理具有十分重要的意义。

然而探索跨阶推理的工作相对较少，目前，一个代表性工作是反译学习。周等人提出了反译学习框架来完成跨阶推理任务，并在数字二进制加法（DBA）和随机二进制加法（RBA）数据集上验证了该学习框架的有效性。具体来说，在 DBA 和 RBA 中，每个图像样本嵌入一个等式，嵌入在训练集的等式是位数短的二进制加法逻辑等式，嵌入在测试集的等式是位数长的二进制加法逻辑等式。也就是说，在 DBA 和 RBA 中，训练集和测试集的分布是不一致的，这一点与传统机器学习范式是不同的。反译学习框架的目标是在短位等式上学习之后去判断长位等式是否正确，从而实现跨阶推理。此外，反译学习框架可以同时学习感知和推理，使它们彼此受益，增加了使用它们的灵活性，目前，其已被成功使用到盗窃罪的司法判决等实际应用中。

跨阶推理的研究还处于相对初期的阶段，还有很长一段路需要走：（1）更多更丰富的逻辑需要探索，如十进制逻辑、谓词逻辑等。（2）更复杂的跨阶推理形式需要探索，如训练集嵌入的是两个操作数、测试集嵌入的是多个操作数等。（3）更复杂的跨阶推理模式需要探索，如直接给出等式的正确答案等。

### 五、图像检索

图像检索是从图像检索数据库中查询到符合需求的图像。随着互联网的普及，图像数据的数量与日俱增，如何高效地从这些图像数据中进行图像检索是一项重要且具有挑战性的难题。目前，基于文本和基于内容的图像检索方法是图像检索的两种常见检索方法。其中，基于内容的图像检索方法因其方便、准确度高的优势常被用于图像检索中。很多国内外的知名科研单位、公司进行了基于内容的图像检索系统的研发，以帮助人们快速高效的检索需要的图像。图 1.4 是一些基于内容的图像检索系统示例，分别为 360 识图、百度识图、百度智能云和 TinEye，这些图像检索系统检索速度快，对图像的分析较为准确，用户体验尚佳。然而，以上这些图像检索系统都是针对单张图像的检索，在检索方式上具有一定的局限性。在有些情况下，用户可能需要通过满足某种逻辑的两张及以上图像的检索来得到需要的图像。

**图 1.4 基于内容的图像检索系统示例**

布尔逻辑检索指的是将各检索词按照给定的布尔逻辑运算符进行运算,然后检索出符合该逻辑运算结果的信息。例如,查询"张三是奥运冠军",则检索式为"张三 AND 奥运冠军",然后用该检索式去完成所需的检索任务。应用布尔逻辑检索可以实现多个关键字的检索,大大提升用户体验。国内外已经有很多检索数据库使用了布尔逻辑检索方法,图 1.5 是两个布尔逻辑检索数据库的实例,分别为知网和 NCBI 的 PubMed 文献服务检索系统。

据我所知,布尔逻辑检索方法常在以关键词为形式的检索数据库中使用,而几乎没有在基于内容的图像检索数据库中应用,这是由于将布尔逻辑检索方法应用到基于内容的图像检索数据库中存在诸多挑战。单张图像检索在一定程度上限制了用户进行图像检索时的体验感,在有些情况下,用户可能需要通过满足某种逻辑的两张及以上图像的检索来得到需要的图像。因此,亟待开发内嵌图像语义的广义布尔逻辑检索系统。

图 1.5　布尔逻辑检索数据库示例

# 第三节　本书的研究思路和创新

本书从视觉角度出发,面向算术逻辑、布尔逻辑、抽象推理、序列逻辑、跨阶逻辑、广义布尔逻辑检索等逻辑学习任务,从学习角度对数据驱动的视觉逻辑模式发现方法开展了系统性研究。研究结果为擅长推理的符号主义和擅长感知的连接主义的统一提供了思路,为逻辑模式发现提供了新的途径和指导性方法,对图像检索、化学反应结果预测等相关领域具有实际的应用价值。

为了开展数据驱动的视觉逻辑学习系统性研究,本书紧紧围绕算术逻辑、布尔逻辑、抽象推理、序列逻辑、跨阶逻辑、广义布尔逻辑检索等逻辑学习问题,从逻辑的可学习性、系统性验证和应用三个层次展开研究,最终形成一个系统的基于视觉数据的逻辑学习体系。为了研究叙述方便,我把这三个层次归纳为三个部分,最终形成一个完善的视觉逻辑学习体系,其详细的研究思路如下。

## 一、逻辑可学习性

第一部分包括第二章"假说:逻辑可以从图像中学习"。现有的逻辑推理方法通常需要事先设计一些推理模式,为了突破这一限制,提出了"逻辑推理模式可以直接从给定的数据中学习得到吗?"这一假说,该章从算术逻辑和布尔逻辑角度,给出了这一有趣问题的肯定答案。

（一）创新点

1. 在机器学习视角下，给出了逻辑学习的定义、逻辑系统的定义以及逻辑学习任务的推理形式。

2. 首次明确提出了一个从图像中学习逻辑模式的任务，即 LiLi 任务，该任务是在未定义任何推理模式的前提下直接从图像中学习和推理逻辑关系。

3. 在 LiLi 任务框架下，作为视觉逻辑学习的初步探索，设计了 3 个算术逻辑数据集（Bitwise And、Bitwise Or 和 Bitwise Xor）和 3 个布尔逻辑数据集（Addition、Subtraction 和 Multiplication），对于机器来说图像的内容与图像之间内嵌的逻辑规则是未知的，在上述数据集上对现有的代表性深度神经网络的逻辑推理能力进行评估，得到如下结论：在未定义逻辑模式的前提下，逻辑模式是可以从图像中直接学习得到的，但并非全部的逻辑任务都是可学习的。

4. 针对上述评价模型在复杂逻辑任务中表现不佳的问题，设计了分治模型（Divide and Conquer Model，DCM）这种新颖的网络框架，DCM 将极具挑战的乘法算术逻辑的准确度从 0.36% 提升到 84.46%，为复杂逻辑任务的学习提供了新思路。

## 二、系统性验证

第二部分包括第三章"面向抽象推理的多粒度多尺度关系学习模型"、第四章"面向序列逻辑的自适应加权学习模型"和第五章"面向跨阶逻辑的粒化逻辑推理学习模型"。第三章从现有抽象推理数据集面临内嵌符号简单、推理路径固定、推理信息泄露 3 个设计缺陷出发，重点研究了面板之间关系的规模和多样性约束下的抽象推理模型设计问题。第四章对当前序列建模的假设与当前时刻有关的信息出现在其上下文中，且通常越靠近当前时刻的数据对于预测任务贡献越大进行了分析，指出了这种假设可能是不合理的，提出了自适应上下文序列权重分配方案以更好的应对序列逻辑任务。第五章借鉴人类的多粒度认知，重点针对算术逻辑与布尔逻辑的跨位数长度、跨序列长度，研究了跨阶逻辑的学习问题。

（二）创新点

1. 构建了抽象推理数据集 FNP，为抽象推理任务提供了更鲁棒、更安全、更具有挑战性的评测数据集；在 FNP 上重新评估了代表性抽象推理方法，实验结果表明：利用数据集推理路径信息设计的网络存在泛化性弱的问题；将多尺度建模思想引入关系网络的设计过程中，提出了可以很好平衡面板之间关系规模和多样性的多粒度、多尺度关系学习模型，解决了现有模型对数据集推理路径探索不充分的问题。

2. 提出了视觉序列逻辑任务 Fashion – Sequence,构建了面向等差、等比、斐波那契、卢卡斯等的视觉序列数据集,提出了一种数据驱动的自适应上下文序列权重分配的序列预测方法,为序列逻辑任务提供了新的建模思路。

3. 提出了跨阶视觉逻辑任务,构建了跨阶逻辑数据集 Open – set Fashion – Logic。在该数据集中,测试集的位数长度和序列长度与训练集的位数长度和序列长度是完全不同的。借鉴人类的多粒度认知,提出了粒化逻辑推理学习模型,突破了传统机器学习范式,为解决开放逻辑学习任务提供了一种新视角,促进了数据驱动逻辑学习的研究。

### 三、逻辑学习的应用

第三部分包括第六章"面向内嵌图像语义广义布尔逻辑检索的多元逻辑融合学习模型"。众所周知,现实任务场景的适用性对于一个新兴科学研究领域的健康发展尤为重要。作为视觉逻辑学习的最后一章,第六章创新性地研究了视觉逻辑背景下的图像检索问题。

### (一)创新点

提出了内嵌图像语义的广义布尔逻辑检索任务,构建了第一个视觉逻辑检索数据集 LogicAnimal,从视觉布尔逻辑学习的角度,设计了可以实现两张及以上图像检索任务的多元逻辑融合网络,为以图搜图背景下的用户提供了更加多样化的检索方式。

## 第四节　本书的研究内容和组织结构

本书面向算术逻辑、布尔逻辑、抽象推理、序列逻辑、跨阶逻辑、广义布尔逻辑检索等逻辑任务,从逻辑的可学习性、系统性验证和应用三个层次出发,对数据驱动的视觉逻辑模式发现方法开展了系统性研究,创新了逻辑模式表示和发现方法,形成了一个系统的面向视觉数据的逻辑学习方法体系,丰富了逻辑模式发现的手段和应用。

本书具体的研究内容和组织结构安排如图 1.6 所示,具体内容如下。

第二章从机器学习角度给出了逻辑学习的定义、逻辑系统的定义以及逻辑学习任务的推理形式。(1)为逻辑学习和逻辑数据集的构造提供了指导性方法,并据此设计了算术逻辑和布尔逻辑视觉数据集。(2)在上述数据集上对现有的代表性深度神经网络模型的逻辑推理能力进行评估,给出了"逻辑可以从图像中学习"的假说。(3)设计了分治模型,将极具挑战的乘法算术逻辑的准确度从 0.36% 提升到84.46%，为复杂逻辑任务的学习提供了思路。

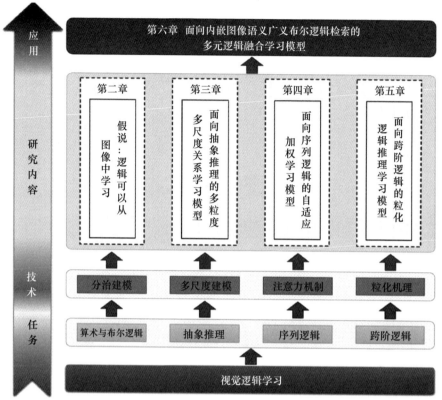

**图1.6 本书组织结构图**

第三章指出了现存抽象推理数据集存在内嵌符号简单、推理路径固定、推理信息泄露的问题，构建了更具有挑战的抽象推理数据集FNP。（1）为抽象推理任务提供了更合理的评测基准数据集。（2）在FNP上重新评估了代表性抽象推理方法，指出利用数据集推理路径信息设计的网络存在泛化性弱的问题。（3）从多尺度建模角度设计平衡了面板之间关系的规模和多样性的多粒度多尺度关系学习模型，为设计更加合理的抽象推理模型提供了思路。

第四章针对当前序列建模的假设"与当前时刻有关的信息出现在其上下文中，且通常越靠近当前时刻的数据对于预测任务贡献越大"进行了分析，指出了这种假设可能是不合理的，提出了一种数据驱动的自适应序列预测方法，为序列逻辑学习任务的建模提供了思路。

第五章针对当前推理模型跨阶能力不强的问题，借鉴粒计算中多粒度思想，提出了一种解决开放式任务的粒化逻辑推理学习模型，为跨阶逻辑任务的建模提供了思路。

　　第六章提出了内嵌图像语义的广义布尔逻辑检索任务,构建了第一个视觉逻辑检索数据集 LogicAnimal,从视觉布尔逻辑学习的角度,设计了可以实现两张及以上图像检索任务的多元逻辑融合网络,为以图搜图背景下的用户提供了更加多样化的检索方式。

　　此外,本书在结论与展望中简要地对创新点和成果进行了总结,并对未来的研究工作进行了规划。

# 第二章 假说:逻辑可以从图像中学习

人类智能集成了如感知、学习、记忆、问题解决和逻辑推理等各种认知功能。其中,逻辑推理是人类的一项重要能力。运用推理,人类可以从复杂的现象中挖掘一些隐藏的规则,甚至可以预测未知的事件。人工智能的目标之一是模拟人类认知功能,逻辑推理作为认知功能的一部分,也是人工智能中的一项重要任务。本章旨在回答"逻辑是否可以从图像中学习?"这一有趣问题。

## 第一节 问题描述

科研工作者针对不同的研究任务已经提出了许多逻辑推理方法,如形式概念分析(Formal Concept Analysis,FCA),概率推理,证据推理,贝叶斯推理和模糊推理。然而,在通常情况下,这些方法都是专家设计的。例如,在 FCA 中,首先运用领域专家知识获得一个形式背景,然后从形式背景中计算概念格,最后使用合取和析取操作实现知识推理。这个过程不仅需要花费大量的时间,而且在很大程度上依赖于领域专家的经验。

实际上,在事先没有掌握特定的领域知识的情况下,人类仍然可以直接从给定的数据中进行推理。例如,在事先没有掌握三维重建领域知识的情况下,人们可以通过观察和推理现实世界中的许多二维图像和对应的三维场景,在脑海中对没有见过的二维图像进行三维模型重建。这就引出了一个有趣的研究课题:机器能直接从给定的数据中学习逻辑推理模式吗? 为了探索这一有趣问题,本章提出了逻辑学习的概念,其可形式化为如下形式。

**定义 2.1**(逻辑学习):给定一个包括 $|X|$ 个样本的隐含逻辑的数据集 $X = \{x_1, x_2, \cdots, x_{|X|}\}$。逻辑学习的目标是最小化 $p_\theta(x)$ 和真实数据分布 $p_X(x)$ 之间的差距来学习具有参数 $\theta$ 的逻辑推理机 $p_\theta(x)$。可以将其形式化为以下优化问题

$$\min_\theta d(p_X(x), p_\theta(x)) \tag{2.1}$$

其中 $p_X(x)$ 是由数据集 $X$ 决定的。$d(\cdot)$ 表示测量两个概率分布之差的测度函数。

图 2.1 阐述了人类定义逻辑和逻辑学习之间的区别。其中,图(a):婴儿通过使用专家定义的加法逻辑来推理未见过的算术运算 $7+12$ 从而得出正确答案 19;图(b):由于专家还未定义图中的隐藏逻辑,因此婴儿无法推理出一个未见过运算

的正确答案。在逻辑学习中,隐藏逻辑被以一种数据驱动的学习方式编码在逻辑推理机 $p_\theta(x)$ 中。

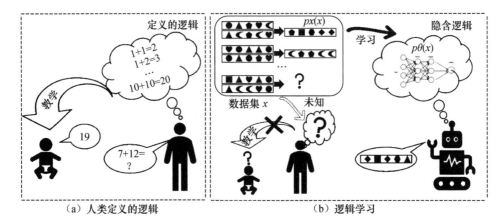

（a）人类定义的逻辑　　　　　　　　（b）逻辑学习

**图2.1　人类定义逻辑和逻辑学习之间的区别**

作为初步探索,在本章中设计了一个从图像中学习逻辑的任务,也就是图 2.2(g)中所示的 LiLi 任务。与人类使用专家知识定义的逻辑运算(Logical Operation Defined by Human,LOH)不同,LiLi 任务是在未定义任何推理模式的前提下学习和推理两张输入和一张输出图像之间的关系,即 LiLi 不知道关于 R 的任何推理模式。下面将详述 LiLi 任务和 LOH 之间的区别。

(1)对于 LiLi 来说,除了给定的数据集,不知道任何关于 R 的推理模式。而 LOH 关注的是如何定义一个合理的逻辑操作,人类总是掌握很多关于 R 的领域知识。

(2)由 LiLi 引入的逻辑模式网络(Logic Pattern Network,LPN)根据像素值建立了抽象级或低级逻辑关系,而 LOH 是基于数字或符号建立了语义级或高级逻辑关系。

(3)由 LiLi 引入的 LPN 是一种数据驱动的建模逻辑关系的方法,而 LOH 是专家驱动的建模逻辑关系的方法。

从图像中学习逻辑任务(LiLi 任务)也是一项非常重要的计算机视觉任务。然而据我们所知,只有少量工作关注如图 2.2(g)中的 LiLi 任务。周等提出了一种可以同时学习感知和推理的反译学习框架。相比之下,基于卷积神经网络(Convolutional Neural Networks,CNN)的各种各样的模型已经取得了当前最好的性能,甚至在一些常见的计算机视觉任务上的性能超过了人类水平,如目标识别、目标检测、语义分割、图像描述、视觉问答,图像生成(图 2.2)。其中,目标识别(目标分类)是对单个目标进行分类;目标检测是对目标进行分类,并使用边界框对目标进行定位;语义分割是在不区分目标实例的情况下,将每个像素都分类为一组固定的类别;图像描述是指使用结构合理自然的句子来描述图像的内容;视觉问答(Visual Question Answering，VQA)是根据相关图像内容自动回答自然语言问题;图像生成是根据图像或文本描述生成图像。

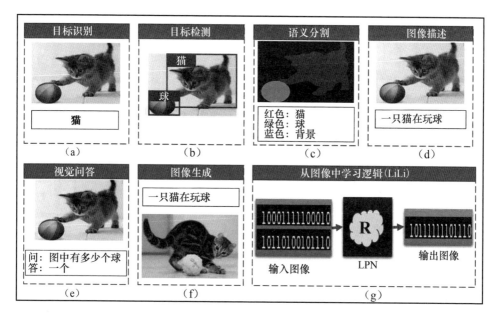

**图 2.2 计算机视觉任务示例**

众所周知,逻辑推理是一般/强人工智能所必须具备的能力之一。在现有的计算机视觉任务中,图像描述和视觉问答似乎需要一定的推理能力,尤其是视觉问答(视觉问答在执行过程中确实需要更多的知识:图像本身、常识、领域知识等)。实际上,由于现有基准数据集存在一些缺陷(将在第三节中描述),系统可以不经过推理就正确地回答问题。因此,需要提供一个新的任务,例如 LiLi 任务,来测试模型的推理能力。

基于上述分析,本章主要有以下贡献:

(1)定义了数据驱动的逻辑学习(Logic Learning)。

(2)提出了 LiLi 任务,其中输入图像和输出图像之间的抽象级或低级逻辑关系需要在没有定义任何推理模式的前提下进行学习和推理。

(3)提出了 LiLi 任务的推理形式,该形式与经典命题演算形式是一致的。

(4)从算术逻辑和布尔逻辑 2 个角度提出了 6 种不同难度的 LiLi 数据集:Bitwise And、Bitwise Or、Bitwise Xor、Addition、Subtraction 和 Multiplication。

(5)与人类定义的语义级或高级逻辑关系不同,抽象级或低级逻辑关系是通过一种称为 LPN 的新颖的数据驱动方法表达的。

(6)在 6 个 LiLi 数据集上测试了这些代表性神经网络(CNN – LSTM、MLP、

17

CNN – MLP、Autoencoder 和 ResNet)的性能。

(7)提出了 DCM,DCM 使用分治策略来解决复杂任务(比如 Multiplication),取得了比上述代表性神经网络更好的性能。

# 第二节 逻辑系统及其推理表示

在本节中,首先给出了逻辑系统(Logic System,LS)的定义,然后提出了一种用于逻辑模式发现的学习机,称为逻辑模式网络(Logical Pattern Network,LPN),最后给出了逻辑学习任务的推理形式。

## 一、逻辑系统

为了研究方便,参照分类任务中使用的决策系统的定义,在逻辑意义下,本章给出如下所示的逻辑系统的定义。

**定义 2.2**(逻辑系统):其被称为三元组 $R = (I, R, O)$,其中 $I = \{x_i | x_i = (x_i^1, x_i^2, \cdots, x_i^{m_I}), i = 1, 2, \cdots, N\}$ 是一个长度为 $m_I$ 的输入序列,$O = \{y_i | y_i = (y_i^1, y_i^2, \cdots, y_i^{m_O}), i = 1, 2, \cdots, N\}$ 是一个长度为 $m_O$ 的输出序列,$R: I \to O$ 是一个从输入 $I$ 到输出 $O$ 的逻辑模式。

## 二、逻辑系统

逻辑模式发现是逻辑领域的主要任务之一,目前,几乎所有的逻辑模式都由该领域的专家学者凭借直觉、数学等工具发现,这个过程不仅费时费力,而且导致研究进展缓慢、甚至长时间得不到任何成果。本章拟从学习的角度,让机器自动根据输入数据 $I$ 和输出数据 $O$ 发现逻辑模式 $R$,以实现给定未知的输入可以给出其正确的输出。值得注意的是,在逻辑学习过程中,学习模型仅仅能使用纯原始数据,不能预先知道数据中符号或者数字的含义等其他信息。

万能逼近定理告诉我们,神经网络能够以任何精度逼近任何可测函数。理论上,可以用一个神经网络来表示逻辑模式 $R$。在逻辑学习定义框架下(见定义 2.1),提出了一个深度学习网络框架:由 $W$ 参数化的 LPN 来学习 $R$。该模型可以通过求解以下优化问题来学习

$$W^* = \arg\min_W L(\mathrm{LPN}_W(I), O)$$

$$= \arg\min_W \frac{1}{N} \sum_{i=1}^{N} L(\mathrm{LPN}_W(x_i), y_i) \tag{2.2}$$

其中 $L$ 是一个损失函数,$N$ 是训练样本的数量。

在逻辑学习框架下,$R$ 嵌入在 LPN 的参数 $W$ 中,从数据中挖掘 $R$ 可以看作是 LPN 的参数 $W$ 的迭代优化过程。在每次迭代中,$W$ 的值沿着损失 $L$ 变小的方向改

变。当损失足够小时迭代停止,得到需要的 $R$。

数据驱动的逻辑模式发现工作流程如图 2.3 所示,其中 LPN 表示逻辑模式网络,$I$ 是输入数据的集合,$O$ 是真实数据的集合。$\hat{O}$ 是由 $f(\text{LPN}_W(x_i^1, x_i^2, \cdots, x_i^{m_I}))$ 推理得到的结果集合,$O/I$ 是给定输入数据集 $I$ 条件下的真实逻辑关系的集合,$\hat{O}/I$ 是给定输入数据集 $I$ 条件下使用 LPN 预测的逻辑关系的集合,Loss 用于评估 $O/I$ 和 $\hat{O}/I$ 之间的差异。

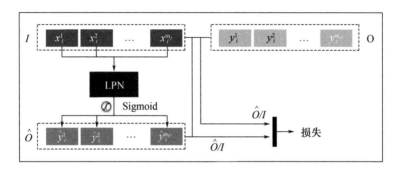

**图 2.3 数据驱动的逻辑模式发现工作流程图**

### 三、逻辑学习任务的推理形式

人类在日常生活中经常使用一些给定的条件(逻辑推理里也称为前件、前提)进行推断,这个过程可以形式化为如下形式

$$
\begin{aligned}
&\text{前件} \quad 1: && A_1 && \rightarrow && B_1 \\
&\text{前件} \quad 2: && A_2 && \rightarrow && B_2 \\
& && \vdots && && \vdots \\
&\text{前件} \quad n: && A_n && \rightarrow && B_n \\
&\text{前件} \quad *: && A_* &&
\end{aligned}
$$

$$
\overline{\hspace{6cm}}
$$

$$
\text{后件}: \qquad\qquad B_* \tag{2.3}
$$

公式(2.3)恰好是经典命题演算的数学模型,其中 $A_*$ 的后件是使用给定的 $n$ 个前件推断出来的。有很多方法可以解决这个问题,例如,Zadeh 提出了一种名为(Compositional Rule of Inference,CRI)的推理规则,该推理的前件和后件中包含模糊概念。具体来说,首先将一个蕴含 $A \rightarrow B$ 转化为一个从 $A$ 到 $B$ 的模糊关系 $R_Z(A, B)$,然后给定 $A_*$,$B_*$ 可以通过下面的公式推断出来

$$
B_* = R_Z(A, B) \circ A_* \tag{2.4}
$$

其中人类专家事先定义的 $R_Z: [0,1]^2 \rightarrow [0,1]$ 是一个二元函数,$\circ$ 表示合成操作符。

$$前件\ 1：\quad 如果输入是\ x_1\ 则输出是\ y_1$$
$$前件\ 2：\quad 如果输入是\ x_2\ 则输出是\ y_2$$
$$\vdots \qquad\qquad \vdots$$
$$前件\ n：\quad 如果输入是\ x_n\ 则输出是\ y_n$$
$$前件\ n+1：\quad 如果输入是\ x_{n+1}$$
$$前件\ n+2：\quad 如果输入是\ x_{n+2}$$
$$\vdots \qquad\qquad \vdots$$
$$前件\ n+m：\quad 如果输入是\ x_{n+m}$$

---

$$后件\ n+1：\quad 输出是\ y_{n+1}$$
$$后件\ n+2：\quad 输出是\ y_{n+2}$$
$$\vdots \qquad\qquad \vdots$$
$$后件\ n+m：\quad 输出是\ y_{n+m} \tag{2.5}$$

其中 $x_i$ 是 LPN 的输入，$y_i$ 是 LPN 的输出。

受模糊推理的启发，一个逻辑学习任务可以写成基于"如果则"规则的推理形式，如公式(2.5)所示。

值得注意的是 $x_i$ 和 $y_i$ 在 LPN 中可以是多种对象。例如，在公式(2.3)中前件和后件包含模糊概念。在本章中，$x_i$ 和 $y_i$ 是图像。具体来说，$x_i$ 是一个长度为 $m_I$ 的输入序列，$y_i$ 是一个长度为 $m_O$ 的输出序列。

基于此，公式(2.5)可以写成如下形式。

$$前件\ 1：\quad 如果输入序列是\ (x_1^1, x_1^2, \cdots, x_1^{m_I})$$
$$则输出序列是\ (y_1^1, y_1^2, \cdots, y_1^{m_O})$$
$$前件\ 2：\quad 如果输入序列是\ (x_2^1, x_2^2, \cdots, x_2^{m_I})$$
$$则输出序列是\ (y_2^1, y_2^2, \cdots, y_2^{m_O})$$
$$\vdots \qquad\qquad \vdots$$
$$前件\ n：\quad 如果输入序列是\ (x_n^1, x_n^2, \cdots, x_n^{m_I})$$
$$则输出序列是\ (y_n^1, y_n^2, \cdots, y_n^{m_O})$$
$$前件\ n+1：\quad 如果输入序列是\ (x_{n+1}^1, x_{n+1}^2, \cdots, x_{n+1}^{m_I})$$
$$前件\ n+2：\quad 如果输入序列是\ (x_{n+2}^1, x_{n+2}^2, \cdots, x_{n+2}^{m_I})$$
$$\vdots \qquad\qquad \vdots$$
$$前件\ n+m：\quad 如果输入序列是\ (x_{n+m}^1, x_{n+m}^2, \cdots, x_{n+m}^{m_I})$$

---

$$后件\ n+1：\quad 输出序列是\ (y_{n+1}^1, y_{n+1}^2, \cdots, y_{n+1}^{m_O})$$
$$后件\ n+2：\quad 输出序列是\ (y_{n+2}^1, y_{n+2}^2, \cdots, y_{n+2}^{m_O})$$

$$\vdots \qquad\qquad \vdots$$

后件 $n+m$： 输出序列是 $(y_{n+m}^1, y_{n+m}^2, \cdots, y_{n+m}^{m_O})$ (2.6)

其中 $(x_i^1, x_i^2, \cdots, x_i^{m_I})$ 是 LPN 的输入数据，$(y_i^1, y_i^2, \cdots, y_i^{m_O})$ 是表示输入数据之间关系的输出数据。

在公式(2.6)中,用于训练 LPN 推理模型的训练集由前件 1 到 $n$ 这 $n$ 个前件构成,用于测试 LPN 推理能力的测试集由前件 $n+1$ 到 $n+m$ 这 $m$ 个前件构成。

基于此,公式(2.6)可以进一步简化为如下形式

训练前件： $(x_1^1, x_1^2, \cdots, x_1^{m_I}) \rightarrow (y_1^1, y_1^2, \cdots, y_1^{m_O})$

$\qquad\qquad (x_2^1, x_2^2, \cdots, x_2^{m_I}) \rightarrow (y_2^1, y_2^2, \cdots, y_2^{m_O})$

$$\vdots \qquad\qquad\qquad \vdots$$

$\qquad\qquad (x_n^1, x_n^2, \cdots, x_n^{m_I}) \rightarrow (y_n^1, y_n^2, \cdots, y_n^{m_O})$

测试前件： $(x_{n+1}^1, x_{n+1}^2, \cdots, x_{n+1}^{m_I})$

$\qquad\qquad (x_{n+2}^1, x_{n+2}^2, \cdots, x_{n+2}^{m_I})$

$$\vdots$$

$\qquad\qquad (x_{n+m}^1, x_{n+m}^2, \cdots, x_{n+m}^{m_I})$

---

后件： $\qquad\qquad\qquad (y_{n+1}^1, y_{n+1}^2, \cdots, y_{n+1}^{m_O})$

$\qquad\qquad\qquad\qquad (y_{n+2}^1, y_{n+2}^2, \cdots, y_{n+2}^{m_O})$

$$\vdots$$

$\qquad\qquad\qquad\qquad (y_{n+m}^1, y_{n+m}^2, \cdots, y_{n+m}^{m_O})$ (2.7)

公式(2.7)可以通过

$$I_{\text{train}} = \{(x_1^1, x_1^2, \cdots, x_1^{m_I}), (x_2^1, x_2^2, \cdots, x_2^{m_I}), \cdots, (x_n^1, x_n^2, \cdots, x_n^{m_I})\}$$

$$O_{\text{train}} = \{(y_1^1, y_1^2, \cdots, y_1^{m_O}), (y_2^1, y_2^2, \cdots, y_2^{m_O}), \cdots, (y_n^1, y_n^2, \cdots, y_n^{m_O})\}$$

$$I_{\text{test}} = \{(x_{n+1}^1, x_{n+1}^2, \cdots, x_{n+1}^{m_I}), (x_{n+2}^1, x_{n+2}^2, \cdots, x_{n+2}^{m_I}), \cdots, (x_{n+m}^1, x_{n+m}^2, \cdots, x_{n+m}^{m_I})\}$$

和

$$O_{\text{test}} = \{(y_{n+1}^1, y_{n+1}^2, \cdots, y_{n+1}^{m_O}), (y_{n+2}^1, y_{n+2}^2, \cdots, y_{n+2}^{m_O}), \cdots, (y_{n+m}^1, y_{n+m}^2, \cdots, y_{n+m}^{m_O})\}$$

进一步简化为如下形式

训练前件集： $I_{\text{train}} \rightarrow O_{\text{train}}$

测试前件集： $I_{\text{test}}$

---

后件集： $\qquad\qquad O_{\text{test}}$ (2.8)

实际上,公式(2.8)包含三个蕴含,即 $(I_{\text{train}} \rightarrow O_{\text{train}}) \rightarrow (I_{\text{test}} \rightarrow O_{\text{test}})$。通过将三个蕴含转换为以下形式,可以获得前提 $I_{\text{test}}$ 的结论 $O_{\text{test}}$

$$O_{\text{test}} = R(I_{\text{train}}, O_{\text{train}}) \circ I_{\text{test}}$$ (2.9)

其中使用数据驱动的方法学习的 $R(I_{train}, O_{train})$ 是一个高维函数。

从以上分析可以看出,逻辑学习任务具有与经典命题演算一致的推理形式。逻辑学习和 LOH 的比较如图 2.4 所示。从图 2.4 中可以看出,逻辑学习或 LOH 的一个基本任务是获取关系 $R$。在这个任务中,它们有一个非常明显的区别:对于 LOH 来说,$R$ 需要事先由专家定义,而对于逻辑学习来说,$R$ 是从给定的数据集中学习得到的。

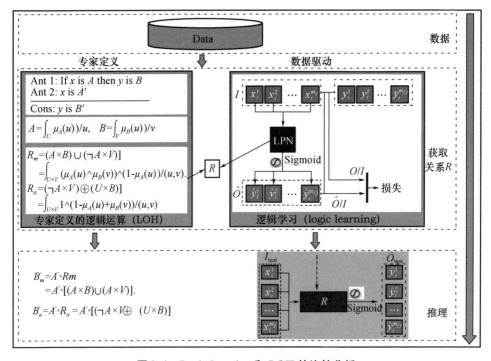

**图 2.4　Logic learning 和 LOH 的比较分析**

基于上述分析,希望设计出一种无须人工的、数据驱动的方法,直接从给定的数据中学习推理模式。在本章中,通过 LiLi 任务来探讨这一问题,接下来,将详细描述 LiLi 任务。

# 第三节　逻辑可以从图像中学习

首先,从算术逻辑与布尔逻辑两个方面构造了 6 个 LiLi 数据集,然后详细介绍本章提出的 LiLi 任务,最后给出其与经典命题演算形式一致的推理形式。

## 一、LiLi 数据集

现有的逻辑推理数据集如 CLEVR 和 VQA 在测试机器的逻辑推理能力方面

做出了突出的贡献,但是这些基准数据集依然有一些缺点:(1)部分基准数据集存在偏差,可以通过直接感知图像而不是推理来回答某些问题。例如,若问题是"给定图像中的物体是什么颜色?",则可以通过从图像中感知直接获得答案。(2)现有的基准数据集可能看起来很复杂,但代表性深度神经网络及其结果表明,对于机器来说,这些数据集中的内嵌逻辑是相对简单的,应该设计更复杂的逻辑数据集。(3)现有基准数据集中的一些问题可能存在多个答案,因此很难判断这些问题的答案是否正确。这些缺点使得很难评估使用这些数据集的机器的推理能力。

因此构建了 LiLi 数据集[①]来克服这些缺点。在本章中选择了按位与、按位或、按位异或、加、减和乘 6 种逻辑关系来构建 LiLi 数据集。(1)与现有基准数据集不同,当且仅当模型既有感知能力又有推理能力,LiLi 数据集中的问题才能得到回答。(2)代表性深度神经网络对于乘法逻辑几乎无能为力(详见第四节第三部分),这表明 LiLi 任务确实值得研究。(3)LiLi 数据集的构建过程由我们控制,每个样本只能有一个正确答案,因此容易评估答案的正确性。

本章构造了 LiLi 数据集来验证所提出的 LPN 模型的性能。值得注意的是 LPN 模型事先并不知道隐藏在图像中的逻辑关系是什么。布尔逻辑使用的是二进制数,算术逻辑使用的是十进制数。对于 Bitwise And、Bitwise Or 和 Bitwise Xor 来说,图像的大小设置为 15 px × 120 px,因此其能嵌入的最长位数为 14 位。对于 Addition、Subtraction 和 Multiplication 来说,图像的大小设置为 15 px × 60 px,因此其能嵌入的最长位数为 7 位。这一步确保用于训练的数字的比例在所有可能的组合中只占很小的一部分。每个样本包含两张输入图像和一张输出图像,每张图像都有一个整数嵌入在其中。首先,按照预先指定的实数范围(下文中将会描述)生成两个操作数,将其嵌入到两张输入图像中,输入图像对标记为 $x_i^1$ 和 $x_i^2$。然后,根据输入图像对的操作结果生成输出图像,将输出图像标记为 $y_i$。嵌入在图像 $x_i^1$、$x_i^2$ 和 $y_i$ 中的数字分别为 A、B 和 E。

数据集的详细信息如下:

(1)Bitwise And:对于每个样本来说,A 和 B 都是长度为 14 的二进制数。E 是 A 和 B 按位与的结果。例如,A 和 B 分别是"00111101110111"和"10010101110000",则 E 等于"00010101110000"。示例如图 2.5(a)所示。

(2)Bitwise Or:对于每个样本来说,A 和 B 都是长度为 14 的二进制数。E 是 A 和 B 按位或的结果。例如,A 和 B 分别是"10001111100010"和"10110100101110",则 E 等于"10111111101110"。示例如图 2.5(b)所示。

(3)Bitwise Xor:对于每个样本来说,A 和 B 都是长度为 14 的二进制数。E 是 A 和 B 按位异或的结果。例如,A 和 B 分别是"00110101010110"和

---

① https://pan.baidu.com/s/1uShsu5HuQ32Gml8X4oaRMw? pwd = rlme

"00111101110000",则 $E$ 等于"00001000100110"。示例如图 2.5(c)所示。

（4）Addition：对于每个样本来说，$A$ 和 $B$ 的取值范围都是 0 ~ 4 999 999。$E$ 是 $A$ 与 $B$ 之和。例如，$A$ 和 $B$ 分别是"646 724"和"4 087 801"，则 $E$ 等于"4 734 525"。示例如图 2.5(d)所示。

（5）Subtraction：对于每个样本来说，$A$ 和 $B$ 的取值范围都是 0 ~ 9 999 999。$E$ 是 $A$ 与 $B$ 之差。为了保证 $E$ 是一个正数，在选择 $A$ 时要大于等于 $B$。例如，$A$ 和 $B$ 分别是"6 740 693"和"3 502 317"，则 $E$ 等于"3 238 376"。示例如图 2.5(e) 所示。

（6）Multiplication：对于每个样本来说，$A$ 和 $B$ 的取值范围都是 0 ~ 3160。$E$ 是 $A$ 与 $B$ 之乘。例如，$A$ 和 $B$ 分别是"1 257"和"1 377"，则 $E$ 等于"1 730 889"。示例 如图 2.5(f)所示。

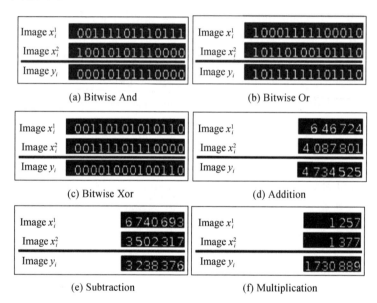

(a) Bitwise And

(b) Bitwise Or

(c) Bitwise Xor

(d) Addition

(e) Subtraction

(f) Multiplication

**图 2.5　6 个 LiLi 数据集中样本示例展示**

根据数据集中嵌入的逻辑关系的难度，将这些数据集划分为 3 个层次：一星 （★，简单）、二星（★★，中等）和三星（★★★，困难）。

Bitwise And、Bitwise Or 和 Bitwise Xor 数据集（★）：（1）$E$ 中每位的值仅由 $A$ 与 $B$ 中相同位置的值决定，例如图 2.5(a)中，$E$ 中第二位（最右边的位置为第一 位）的值仅由 $A$ 与 $B$ 中第二位的值决定，因此 $E$ 中第二位的值是"0"（1&0 = 0）。 （2）$E$ 中每位的值只有 0 或 1 两种可能性。

Addition 和 Subtraction 数据集（★★）：（1）$E$ 中每位的值由 $A$ 与 $B$ 中相同位置 的值和进位/借位情况共同决定，例如图 2.5(d)中，$E$ 中第二位的值由 $A$ 与 $B$ 中第

二位的值和 $A$ 与 $B$ 中第一位的值相加的进位部分决定；(2)进位或借位部分的值可能是 0 或 1，因此，$E$ 中每位(除了最右边位)的值在 0~9 中有两种可能性，根据实际进位/借用情况选择两种可能性中的一种作为最终结果。例如图 2.5(d)中，$A$ 与 $B$ 中第一位的值相加的进位部分是"0"，$A$ 与 $B$ 中第二位的值相加的结果为"2"($2+0=2$)，因此 $E$ 中第二位的值是"2"($0+2=2$)。

Multiplication 数据集(★★★)：(1)$E$ 中给定位置的值由 $A$ 与 $B$ 中相同位置的值和相同位置之前的所有位置的值决定。例如图 2.5(f)中，$E$ 中第二位的值由 $A$ 中第一、二位的值与 $B$ 中第一、二位的值共同决定。(2)Multiplication 数据集中 $E$ 的每位的值(除了最右边位)的可能性远远多于其他 LiLi 数据集。

## 二、LiLi 任务

LiLi 任务关注的是在没有定义任何推理模式的前提下，让模型直接学习和推理两张输入图像和一张输出图像之间的关系。在这个任务中，首先生成三张图像，两张用于输入，一张用于输出，输出图像表示两张输入图像之间的关系。此外，嵌入在图像中的 $n$ 位数没有说明其含义，这意味着对于模型来说图像中嵌入内容的含义以及输入图像与输出图像之间的关系都是未知的。举个示例来阐述 LiLi 任务：如果嵌入在两张输入图像中的 $n$ 位数字是"234"和"432"，嵌入在输出图像中的 $n$ 位数字是"666"，那么两张输入图像和输出图像之间的逻辑关系就是加法。它可以形式化为下面形式。

以三元组集 $R=(I,R,O)$ 的形式给定一个逻辑系统，其中 $I=\{x_i\,|\,x_i=(x_i^1,x_i^2),i=1,2,\cdots,N\}$ 是一个输入序列，$O=\{y_i\}_{i=1}^N$ 是一个输出序列，$x_i^1$、$x_i^2$ 和 $y_i$ 是包含 $K$ 个像素的三张图像，如图 2.5 所示。$R$ 表示 $x_i\in I$ 和 $y_i\in O$ 这对图像对之间的逻辑关系。

在语义级或高级层次上，可将 $R$ 称为 Bitwise And、Bitwise Or、Bitwise Xor、Addition、Subtraction 和 Multiplication，分别标记为 &、∣、∧、+、− 和 ×，人类很容易理解它们。但是，在抽象级或低级层次上，$R$ 可能是一个高维映射(在本章中，$R$ 是 $[-1,1]^{2K}\rightarrow\{0,1\}^K$)，人类很难定义这种映射。因此，需要设计一种新颖的方法来表达抽象级或低级逻辑关系。

在该任务中，给定一个数据集 $D=\{(x_i,y_i)\}_{i=1}^N$，其中 $y_i$ 表示 $x_i^1$ 和 $x_i^2$ 这对图像对之间的逻辑关系。在绘制这些图像时，使用像素值 0 表示黑色，像素值 1 表示白色。那么，输出图像的取值范围为 $y_i\in\{0,1\}^K$。对于输入图像，通过减去平均值将每个像素值缩放到 −1~1 之间，因此输入图像的取值范围为 $x_i^1,x_i^2\in[-1,1]^K$。这个任务可以看作是通过监督学习策略找到从输入空间 $I=\{x_i\}_{i=1}^N$ 到输出空间 $O=\{y_i\}_{i=1}^N$ 的映射。在该研究中，该任务可以转化为一个损失函数为均方误差(MSE)的回归问题，即 $L$ 为 MSE。它可以通过以下优化问题得到解决

$$W^* = \arg\min_{W} \text{MSE}(f(\text{LPN}_W(I)), O)$$

$$= \arg\min_{W} \frac{1}{N} \sum_{i=1}^{N} \text{MSE}(f(\text{LPN}_W(x_i^1, x_i^2)), y_i)$$

$$= \arg\min_{W} \frac{1}{N} \sum_{i=1}^{N} \sqrt{\sum_{k=1}^{K} (f(\text{LPN}_W(x_i^1, x_i^2))_k, y_{ik})^2} \qquad (2.10)$$

其中 $f$ 是一个将 $\text{LPN}_W(x_i^1, x_i^2)$ 转化到 $[0,1]$ 范围内的 Sigmoid 函数,即 $f(\text{LPN}_W(x_i^1, x_i^2)) \in [0,1]^K$,LPN 由 $W$ 参数化。公式(2.10)对参数 $W$ 是可导的,可以使用梯度下降法有效地求解。

基于以上的分析和讨论,本章阐述了 LiLi 任务的工作流程,如图 2.6 所示。其中,$I$ 是输入图像的集合,$O$ 是真实图像的集合,$\hat{O}$ 是由 $f(\text{LPN}_W(x_i^1, x_i^2))$ 推理得到的输出图像的集合,$O/I$ 是给定输入图像集 $I$ 条件下的真实逻辑关系的集合,$\hat{O}/I$ 是给定输入图像集 $I$ 条件下使用 LPN 的预测逻辑关系的集合,损失用于评估 $O/I$ 和 $\hat{O}/I$ 之间的差异。LPN 表示逻辑模式网络,在本章中分别使用 CNN - LSTM、MLP、CNN - MLP、Autoencoder、ResNet18、ResNet50、ResNet152 和 DCM 实现。LPN 的更多实现细节见第四节和第五节。

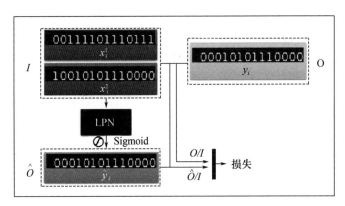

**图 2.6　LiLi 任务的工作流程**

从公式(2.10)和图 2.6 可以观察到,只需要提供给 LPN 一些训练数据,LPN 便可以自动学习给定图像对之间的逻辑模式,而不需要预先提供任何推理模式。这是一种用于挖掘隐藏在数据中的逻辑模式的绝对以数据驱动的策略。

### 三、LiLi 任务的推理形式

基于第二节第三部分中 DCL 的推理形式,LiLi 任务可以写成以下基于“如果则”规则的推理形式。

前件 1： 如果两张输入图像 $x_1^1$ 和 $x_1^2$ 则输出图像是 $y_1$

前件 2： 如果两张输入图像 $x_2^1$ 和 $x_2^2$ 则输出图像是 $y_2$

$\vdots$ $\vdots$

前件 $n$： 如果两张输入图像 $x_n^1$ 和 $x_n^2$ 则输出图像是 $y_n$

前件 $n+1$： 如果两张输入图像 $x_{n+1}^1$ 和 $x_{n+1}^2$

前件 $n+2$： 如果两张输入图像 $x_{n+2}^1$ 和 $x_{n+2}^2$

$\vdots$ $\vdots$

前件 $n+m$： 如果两张输入图像 $x_{n+m}^1$ 和 $x_{n+m}^2$

---

后件 $n+1$： 输出图像是 $y_{n+1}$

后件 $n+2$： 输出图像是 $y_{n+2}$

$\vdots$ $\vdots$

后件 $n+m$： 输出图像是 $y_{n+m}$， (2.11)

其中 $x_i^1$ 和 $x_i^2$ 是输入图像,$y_i$ 是表示两张输入图像之间关系的输出图像。

在公式(2.11)中,用于训练 LPN 的训练集由前件 1 到 $n$ 这 $n$ 个前件构成,用于测试 LPN 推理能力的测试集由前件 $n+1$ 到 $n+m$ 这 $m$ 个前件构成。基于此,公式(2.11)可以进一步简化为如下形式

训练前件： $(x_1^1, x_1^2) \rightarrow y_1$

$(x_2^1, x_2^2) \rightarrow y_2$

$\vdots$ $\vdots$

$(x_n^1, x_n^2) \rightarrow y_n$

测试前件： $(x_{n+1}^1, x_{n+1}^2)$

$(x_{n+2}^1, x_{n+2}^2)$

$\vdots$

$(x_{n+m}^1, x_{n+m}^2)$

---

后件： $y_{n+1}$

$y_{n+2}$

$\vdots$

$y_{n+m}$ (2.12)

公式(2.12)可以通过 $I_{\text{train}} = \{(x_1^1, x_1^2), (x_2^1, x_2^2), \cdots, (x_n^1, x_n^2)\}$, $O_{\text{train}} = \{y_1, y_2, \cdots, y_n\}$, $I_{\text{test}} = \{(x_{n+1}^1, x_{n+1}^2), (x_{n+2}^1, x_{n+2}^2), \cdots, (x_{n+m}^1, x_{n+m}^2)\}$ 和 $O_{\text{test}} = \{y_{n+1}, y_{n+2}, \cdots, y_{n+m}\}$ 进一步简化为如下形式。

$$\text{训练前件集：} \quad I_{train} \rightarrow O_{train}$$
$$\text{测试前件集：} \quad I_{test}$$

$$\text{后件集：} \qquad\qquad O_{test} \qquad\qquad (2.13)$$

通过将包含在公式(2.13)中的三个蕴含 $(I_{train} \rightarrow O_{train}) \rightarrow (I_{test} \rightarrow O_{test})$ 转换为以下形式,可以获得给定条件集 $I_{test}$ 的结论集 $O_{test}$

$$O_{test} = R(I_{train}, O_{train}) \circ I_{test} \qquad\qquad (2.14)$$

其中 $R(I_{train}, O_{train}):[-1,1]^{2K} \rightarrow \{0,1\}^K$ 是一个采用数据驱动方法学习的高维映射函数。

从以上分析可以看出,一方面 LiLi 任务具有与经典命题演算一致的推理形式,另一方面他们也有一些如下所示的不同。

(1) $R_z:[0,1]^2 \rightarrow [0,1]Z$ 是一个二元函数,而 $R(I_{train}, O_{train}):[-1,1]^{2K} \rightarrow \{0,1\}^K$ 是一个高维的复杂函数(在本章中 $K$ 为 1 800 或 900)。

(2) $R_z$ 需要事先由专家定义,而 $R$ 是从一个给定的数据集中学习得到的,因为它是一个几乎不可能由人事先定义的函数。

在现实世界中,存在着许多人类无法预先定义的复杂关系。面对这种情况,经典的命题演算就不能很好地发挥作用,甚至不能发挥作用。因此,希望设计一种无须人工的、数据驱动的方法来学习未知的关系函数,这是本章最主要的动机。

# 第四节　代表性深度神经网络的有效性研究与分析

## 一、模型

本章测试了一些代表性深度神经网络在 LiLi 数据集上的推理表现,所使用的代表性深度神经网络模型详述如下,其超参数设置见表2.1。

(1) CNN – LSTM:使用一个标准的 LSTM 模块来实现该模型。由于 LSTM 设计时是处理序列化输入的,因此首先将图像依次和独立地输入到一个 2 层 CNN 中,该 CNN 的每一个卷积层后面都有一个批归一化层(batch normalization),然后将得到的结果序列输入到带有 Dropout 的 LSTM 中处理。最后将 LSTM 的最终隐层状态输入到一个全连接层和一个 Sigmoid 激活函数中得到一张输出图像。

(2) MLP:MLP 实现的网络结构与文献[41]中的网络结构类似。该模型有三个隐层,其中每个隐层具有 256 个隐层节点,每个隐层后面都有一个 ReLU 激活函数。将最后一个隐层的输出输入到一个全连接层和一个 Sigmoid 激活函数中得到一张输出图像。在 MLP 中,相邻层之间全部采用全连接的方式。

表2.1　模型的超参数设置

| 模型 | 超参数 |
|---|---|
| CNN – LSTM | $Conv(32,(5,5),l2(1.e-4)) -> BatchNormalization() -> MaxPooling((2,2)) -> Conv(64,(3,3),l2(1.e-4)) -> BatchNormalization() -> MaxPooling((2,2)) -> LSTM(1024, dropout = 0.5)$ |
| MLP | $Dense(256) -> Dense(256) -> Dense(256)$ |
| CNN – MLP | $Conv(32,(5,5)) -> BatchNormalization() -> MaxPooling((2,2)) -> Conv(64,(3,3)) -> BatchNormalization() -> MaxPooling((2,2)) -> Dense(4096)$ |
| Autoencoder | $Conv(32,(5,5)) -> MaxPooling((2,2)) -> Conv(64,(5,5)) -> MaxPooling((2,2))$ $Conv(64,(5,5)) -> UpSampling((2,2)) -> Conv(32,(5,5)) -> UpSampling((2,2))$ $Cropping2D(((0,1),(0,0))) -> Conv(1,(5,5))$ |

（3）CNN – MLP：受文献［35］启发，实现了一个2层CNN，该CNN的每一个卷积层后面都有一个ReLU激活函数和一个批归一化层（batch normalization），对于CNN来说，输入图像可以看作一组离散的灰度输入特征图。然后将CNN的输出输入到一个2层全连接层中得到一张输出图像，其中第一层全连接层后面接一个ReLU激活函数，第二层全连接层后面接一个Sigmoid激活函数。

（4）Autoencoder：采用文献［104］的思想实现了一个类似的简单自编码器。在该模型中，一个2层CNN作为编码器网络，一个2层上采样网络作为解码器网络。然后将解码器的输出输入到一个卷积层和一个Sigmoid激活函数中得到一张输出图像。

（5）ResNet：使用文献［87］中描述的ResNet架构并做适当修改来完成LiLi任务。由于ResNet一开始被用于分类任务，最后一层采用的是Softmax激活函数，而LiLi任务需要根据输入图像及其之间的逻辑关系输出一张包含正确数字的图像。为了使ResNet适用于LiLi任务，将ResNet最后一层的Softmax激活函数改为Sigmoid激活函数。在本章中，训练了ResNet – 18、ResNet – 50和ResNet – 152模型，都得到了相似的表现。

## 二、实验设置

在实验中，模型采用Keras API（版本：2.1.5）实现，操作环境为Ubuntu

16.04.4、512 GB DDR4 RDIMM、2X 40 - Core Intel(R) Xeon(R) CPU E5 - 2698 v4 @ 2.20GH 和 16GB GPU 内存的 NVIDIA Tesla P100。

模型使用 ADAM 或 SGD 优化器来最小化输出图像与真实图像之间的均方误差损失(mse)。为了获得良好的泛化性能,采用早停机制来选择模型的超参数,当模型在验证集上的损失连续 20 轮迭代之内没有继续下降时则停止训练。最后,将在测试集上的表现情况视为模型的性能。此外,批处理大小设置为 32。

### 三、实验结果与分析

本小节测试了代表性深度神经网络在 LiLi 数据集上的性能。每个数据集包含 10 000 个训练样本,10 000 个验证样本和 20 000 个测试样本。其中,测试样本不包含在训练样本或验证样本中。当模型满足实验设置中的早停机制的条件时停止训练。然后使用 OCR 软件识别预测图像中的内容。对于一张预测图像,当且仅当其内嵌的所有数字都等于真实数字时,则预测图像是正确的。模型在 Bitwise And、Bitwise Or、Bitwise Xor、Addition、Subtraction 和 Multiplication 数据集上的准确度如表 2.2 所示。从表 2.2 中可以观察到:

(1)所有模型在 Bitwise And、Bitwise Or 和 Bitwise Xor 数据集上都有很好的表现。

(2)只有 CNN - MLP、Autoencoder 和 ResNet 在 Addition 和 Subtraction 数据集上取得了较好的性能。

(3)所有模型在 Multiplication 数据集上都表现得很差。

表 2.2　模型在 LiLi 数据集上的测试准确度(训练集大小为 10 000)

| 模型 | 数据集 | | | | | |
|---|---|---|---|---|---|---|
| | ★ | | | ★★ | | ★★★ |
| | Bitwise And | Bitwise Or | Bitwise Xor | Addition | Subtraction | Multiplication |
| CNN - MLP | 100% | 100% | 100% | 0.07% | 0.38% | 0.10% |
| MLP | 100% | 100% | 100% | 0.21% | 0.21% | 0.08% |
| CNN - MLP | 100% | 100% | 100% | 96.33% | 98.69% | 0.07% |
| Autoencoder | 100% | 100% | 100% | 96.78% | 97.34% | 0.08% |
| ResNet18 | 99.96% | 98.52% | 99.80% | 99.86% | 99.49% | 0.10% |
| ResNet50 | 99.92% | 99.86% | 99.69% | 99.14% | 99.64% | 0.10% |
| ResNet152 | 100% | 100% | 100% | 98.74% | 98.93% | 0.14% |

模型在 Bitwise And、Bitwise Or、Bitwise Xor、Addition、Subtraction 和 Multiplication 数据集上的验证损失曲线如图 2.7 所示。从图 2.7 中可以观察到:

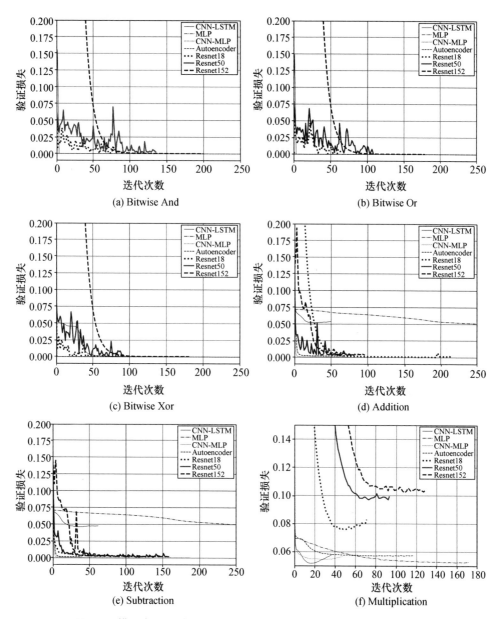

图 2.7　模型在 **LiLi** 数据集上的验证损失曲线(训练集大小为 **10 000**)

(1)由于模型加入了早停机制,因此这些模型在同一数据集上停止训练时所需的代数是不同的。

(2)所有模型在 Bitwise And、Bitwise Or 和 Bitwise Xor 数据集上都收敛于 1E −

04 级以下的损失。此外,MLP、CNN – MLP 和 Autoencoder 的收敛速度比 CNN – LSTM 和 ResNet 的收敛速度更快。

(3)CNN – MLP、Autoencoder 和 ResNet 在 Addition 和 Subtraction 数据集上停止训练时的损失要小于其他模型在 Addition 和 Subtraction 数据集上停止训练时的损失。此外,CNN – MLP 和 Autoencoder 的收敛速度比 ResNet 的收敛速度更快。

(4)所有模型在 Multiplication 数据集上收敛时仍然有很大的损失。

接下来,尝试增加数据集的规模看是否可以提高模型的性能。将每个训练集的规模扩充至 150 000,当然,测试样本仍然不包含在训练样本或验证样本中。所有模型在扩充的训练数据集上进行训练,当模型满足实验设置中的早停机制条件时停止训练。模型在 Bitwise And、Bitwise Or、Bitwise Xor、Addition、Subtraction 和 Multiplication 数据集上的准确度如表 2.3 所示。从表 2.3 中可以观察到:

(1)大多数模型在 Bitwise And、Bitwise Or、Bitwise Xor、Addition 和 Subtraction 数据集上都有比之前更好的表现,尤其是 CNN – LSTM 和 MLP 在 Addition 和 Subtraction 数据集上性能上升十分明显。这意味着模型的性能可以通过增加数据集的规模来提高,这为解决复杂逻辑学习难题提供了一个策略。

(2)所有模型在 Multiplication 数据集上表现得仍然很差。

**表 2.3 模型在 LiLi 数据集上的测试准确度(训练集大小为 150 000)**

| 模型 | 数据集 | | | | | |
|---|---|---|---|---|---|---|
| | ★ | | | ★★ | | ★★★ |
| | Bitwise And | Bitwise Or | Bitwise Xor | Addition | Subtraction | Multiplication |
| CNN – MLP | 100% | 100% | 100% | 84.21% | 79.22% | 0.20% |
| MLP | 100% | 100% | 100% | 98.79% | 97.39% | 0.16% |
| CNN – MLP | 100% | 100% | 100% | 99.96% | 99.96% | 0.35% |
| Autoencoder | 100% | 100% | 100% | 98.17% | 98.66% | 0.16% |
| ResNet18 | 100% | 100% | 100% | 99.50% | 99.50% | 0.24% |
| ResNet50 | 100% | 100% | 100% | 99.56% | 99.79% | 0.26% |
| ResNet152 | 100% | 100% | 100% | 99.98% | 99.87% | 0.24% |

模型在 Bitwise And、Bitwise Or、Bitwise Xor、Addition、Subtraction 和 Multiplication 数据集上的验证损失曲线如图 2.8 所示。从图 2.8 中可以观察到:

(1)大多数模型在所有数据集上的收敛速度都比之前更快了。

(2)大多数模型在所有数据集上都收敛到比之前更小的损失了。

(3)所有模型在 Multiplication 数据集上的收敛损失虽然有所下降但损失依然很大。

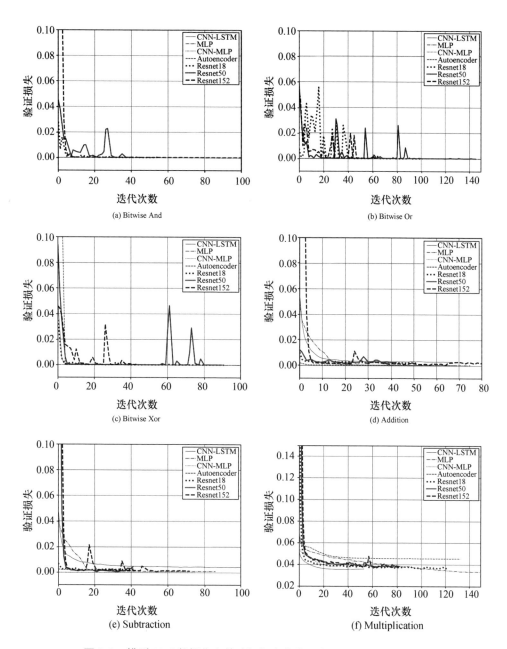

图 2.8 模型 LiLi 数据集上的验证损失曲线(训练集大小为 150 000)

一种猜测是,空间位置在学习逻辑模式的过程中起着重要的作用。值得注意的是,即使增加数据集的规模,CNN－LSTM 在 Addition 和 Subtraction 数据集上也只有大约 80% 的准确度。然而,它在 Bitwise And、Bitwise Or 和 Bitwise Xor 数据集上能达到 100% 的准确度。这是由于 CNN－LSTM 是序列化逐张接收输入图像,分

33

别地学习每张图像的特征,因此无法很好地考虑加/减运算中的进位/借位情况。加减法结果中的每一位都受相邻位置的影响(即来自进位或借位的影响),而按位与、按位或和按位异或结果中的每一位则只与当前位置有关不受相邻位置的影响。如果模型想要获得高的准确度,就需要同时处理 Addition 和 Subtraction 数据集上的两个输入图像。为了验证这一想法,设计了一个叫作 CNN2 – MLP 的模型,它与 CNN – MLP 相似。除了 CNN2 – MLP 是分别学习两张输入图像的特征以外,这两个模型在结构和超参数设置上别无二致。CNN – MLP 和 CNN2 – MLP 的结构如图 2.9 所示。

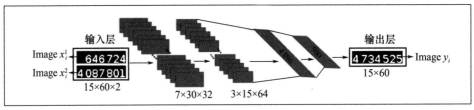

(a) CNN-MLP

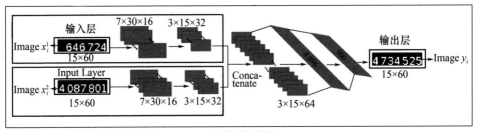

(b) CNN2-MLP

**图 2.9　CNN – MLP 和 CNN2 – MLP 的结构图**

　　CNN2 – MLP 在 Bitwise And、Bitwise Or、Bitwise Xor、Addition、Subtraction 和 Multiplication 数据集上的准确度如表 2.4 所示。与猜测一致,CNN2 – MLP 在 Addition、Subtraction 数据集上表现不佳,但仍然在 Bitwise And、Bitwise Or、Bitwise Xor 数据集上表现很好。这些实验结果验证了空间位置在学习逻辑模式的过程中起着重要作用这一猜想。

**表 2.4　CNN2 – MLP 在 LiLi 数据集上的测试准确度**

| 训练集规模 | 数据集 | | | | | |
|---|---|---|---|---|---|---|
| | ★ | | | ★★ | | ★★★ |
| | Bitwise And | Bitwise Or | Bitwise Xor | Addition | Subtraction | Multiplication |
| 150 000 | 100% | 100% | 100% | 67.47% | 62.92% | 0.28% |
| 10 000 | 100% | 100% | 100% | 0.24% | 0.20% | 0.05% |

CNN – MLP 和 CNN2 – MLP 在 Bitwise And、Bitwise Or、Bitwise Xor、Addition、Subtraction 和 Multiplication 数据集上的验证损失曲线如图 2.10 所示。从图 2.10 中可以观察到。

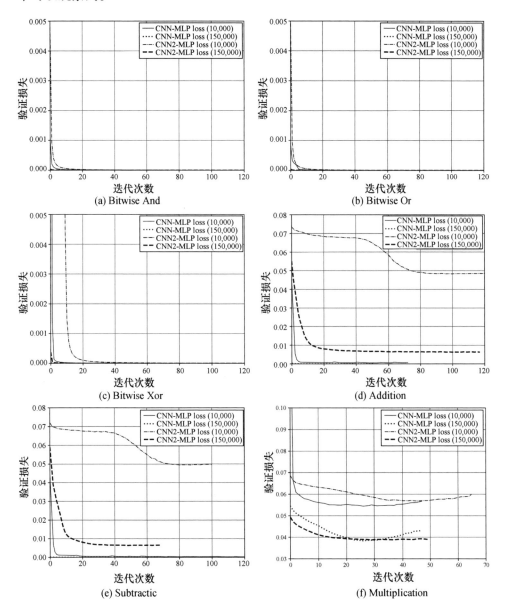

图 2.10　CNN – MLP 和 CNN2 – MLP 在 LiLi 数据集上的验证损失曲线

(1)两个模型在 Bitwise And、Bitwise Or 和 Bitwise Xor 数据集上都收敛于1E – 06 级以下的损失。

（2）在训练集规模为 10 000 的 Addition 和 Subtraction 数据集上，CNN2 – MLP 的损失很大。随着训练数据集规模增大，CNN2 – MLP 的损失小于规模未增大之前的损失，但仍然比 CNN – MLP 的损失大。

（3）两个模型在 Multiplication 数据集上收敛时的损失都很大。

随着数据量的增加，MLP 在 Addition 和 Subtraction 数据集上性能趋于良好。这是由于加减法运算结果的每一位都受到两张输入图像中相邻位置的影响，当数据集规模较小时，MLP 的全连接结构导致其泛泛地关注两幅图像中的全部位置，而无法精确地聚焦于相同和相邻位置上。当数据集的规模变大时，这个缺陷就可以被弥补了。

根据以上讨论，可以将这些模型分为三类。

（1）CNN – LSTM：该模型适用于结果的每一位都只受输入数字相同位置影响这种类型的任务（即 Bitwise And、Bitwise Or 和 Bitwise Xor 数据集）。

（2）MLP：该模型适用于结果的每一位受输入数字全部位置影响这种类型的任务（MLP 比其他模型更适用于 Multiplication 数据集）。如果数据集的规模足够大，MLP 适用于结果的每一位受输入数字相同或相邻位置影响的数据集（即 Bitwise And、Bitwise Or、Bitwise Xor、Addition 和 Subtraction 数据集）。

（3）CNN – MLP、Autoencoder 和 ResNet：这些模型适用于结果的每一位受输入数字相同或相邻位置影响这种类型的任务（即 Bitwise And、Bitwise Or、Bitwise Xor、Addition 和 Subtraction 数据集）。

接下来，从视觉效果的角度对模型进行比较和分析，这里只展示性能较差模型的预测结果。其中，对于 Addition 和 Subtraction 数据集来说，只有 CNN – LSTM 和 MLP 性能较差；对于 Multiplication 数据集来说，所有模型的性能都很差。图 2.11 至图 2.13 分别是 Addition、Subtraction 和 Multiplication 数据集上的视觉效果图，从中可以观察到：

（1）对于 Addition 和 Subtraction 数据集来说，从图 2.11（a）和 2.12（a）中可知 CNN – LSTM 和 MLP 可以清楚地学习输出图像中的首位和末位，而其他位则学习地很模糊。而随着训练数据集规模的增加，从图 2.11（b）和 2.12（b）中可知 CNN – LSTM 和 MLP 可以清楚地学习输出图像中的大多数位了，这进一步证明模型的性能可以通过扩大数据集的规模来提高。

（2）对于 Addition 和 Subtraction 数据集来说，模型对个别位数的预测效果可能仍然不是很好。预测效果不好主要分为三种：预测出来的数字非常模糊，例如图 2.12（b）中的 $p_1$；预测出来的数字与其他数字相似，例如图 2.11（b）中的 $p_2$，"9" 和 "8" 很相似；预测出来的数字有些是正确的，但 OCR 无法识别它，例如图 2.12（b）中的 $p_3$，因此实际准确度可能更高。

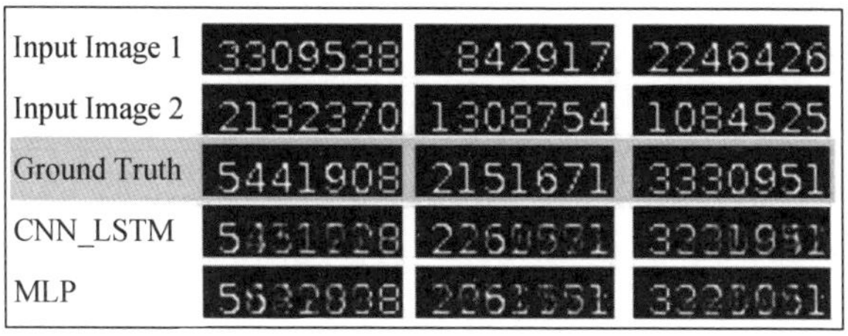

| Input Image 1 | 3309538 | 842917 | 2246426 |
| Input Image 2 | 2132370 | 1308754 | 1084525 |
| Ground Truth | 5441908 | 2151671 | 3330951 |
| CNN_LSTM | 5451908 | 2251671 | 3231951 |
| MLP | 5632808 | 2061551 | 3230651 |

（a）训练数据集的规模为10 000

| Input Image 1 | 1962983 | 1628414 | 3411343 |
| Input Image 2 | 3795605 | 1429186 | 687889 |
| Ground Truth | 5758588 | 3057600 | 4099232 |
| CNN_LSTM | 5758588 | 3057500 | 4199232 |
| MLP | 5758588 | 3057600 | 4299232 |

$p_2$

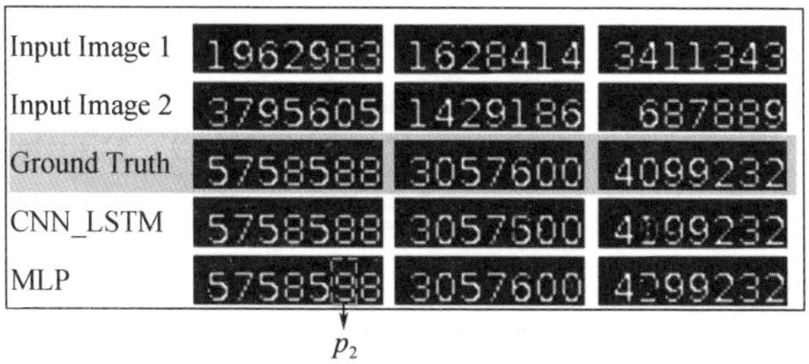

（b）训练数据集的规模为150 000

**图 2.11 Addition 数据集上的视觉效果**

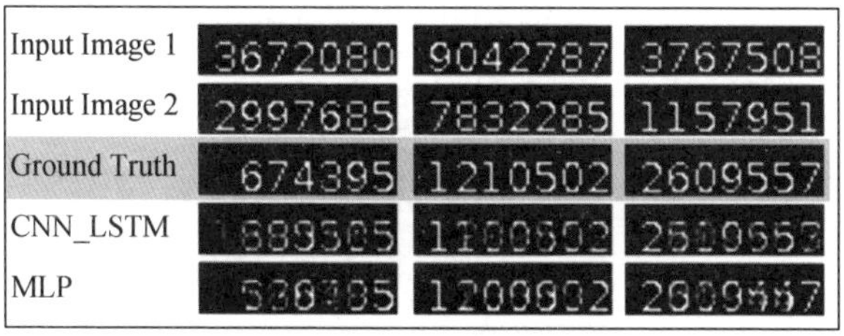

| Input Image 1 | 3672080 | 9042787 | 3767508 |
| Input Image 2 | 2997685 | 7832285 | 1157951 |
| Ground Truth | 674395 | 1210502 | 2609557 |
| CNN_LSTM | 689395 | 1100502 | 2510653 |
| MLP | 536385 | 1200992 | 2609457 |

（a）训练数据集的规模为10 000

| Input Image 1 | 8030542 | 6779539 | 5552176 |
| Input Image 2 | 932454 | 4675453 | 4885925 |
| Ground Truth | 7098088 | 2104086 | 666251 |
| CNN_LSTM | 7098088 | 2104086 | 666251 |
| MLP | 7098088 | 2104086 | 666251 |

$p_1$ $p_3$

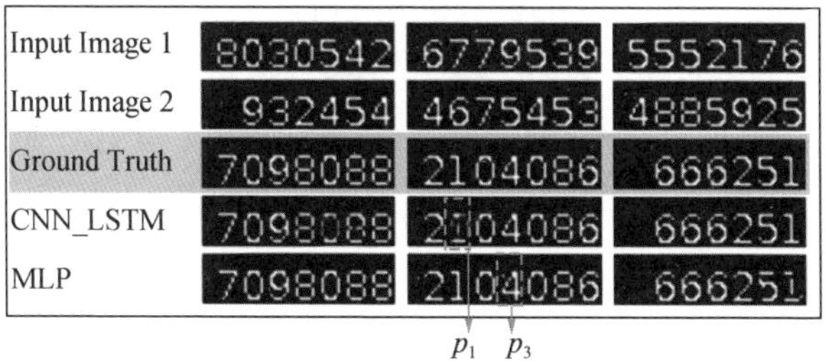

（b）训练数据集的规模为150 000

**图 2.12 Subtraction 数据集上的视觉效果**

（3）对于 Multiplication 数据集来说,从图 2.13（a）中可知大多数模型只能清晰地学习输出图像中的最后一位,而其他位则学习地很模糊。随着训练数据集规模的增加,从图2.13(b)中可知大多数模型可以比以前明显地学习到更多的位数,但输出图像中的大多位数仍然是模糊的。

从以上实验结果可以看出,在未定义逻辑模式的前提下,逻辑模式是可以从图像中直接学习得到的,但面对如 Multiplication 这种复杂的 LiLi 任务时,模型的性能将会下降。为了解决如 Multiplication 这种复杂的 LiLi 任务,下面将提出一个有效方案,该方案通过将复杂任务划分为几个相对简单的子任务来分而治之逐个突破。

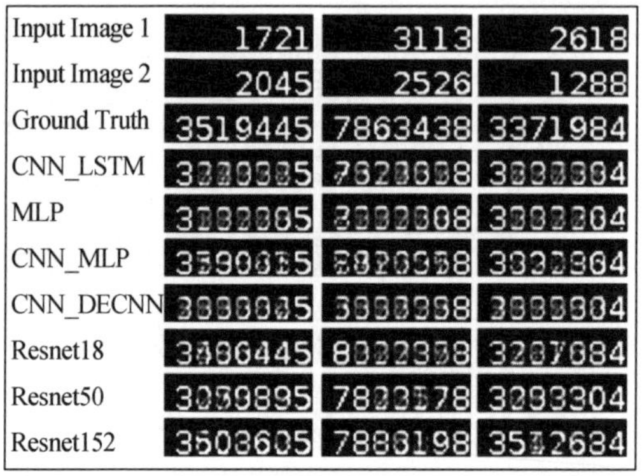

（a）训练数据集的规模为10 000

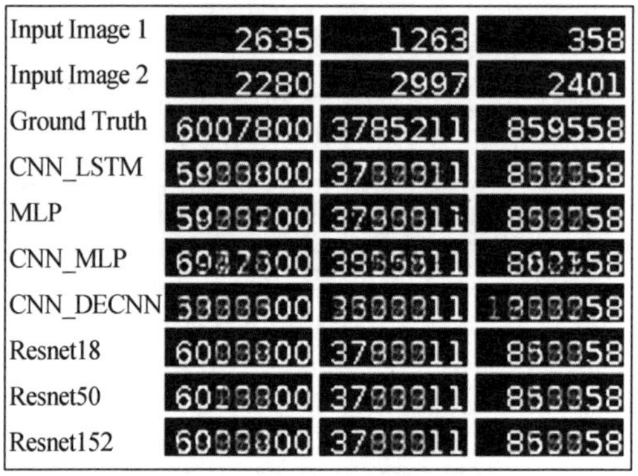

（b）训练数据集的规模为150 000

**图 2.13　Multiplication 数据集上的视觉效果**

# 第五节　面向复杂逻辑任务的分治模型

## 一、分治模型

虽然增加数据集的规模可以解决一些复杂的逻辑学习问题,但所有模型在乘法数据集上的性能仍然不佳。据我们所知，许多问题都是复杂而难以直接解决的，但分解后就变得容易多了。陈等发现人工进行算法分解可以有效降低学习的难度。受此启发，本章提出了采用分解策略处理复杂任务的分治模型（Divide and Conquer Model，DCM）。DCM 将一个复杂任务分解为 $k$ 个子任务，分解准则是子任务的组合难度小于原始复杂任务的难度

$$H > f(h_1, h_2, \cdots, h_k) \tag{2.15}$$

其中 $H$ 是原始复杂任务的难度，$h_i$ 是第 $i$ 个子任务的难度，$f$ 是子任务的组合，其难度由所有子任务共同决定。

从图 2.7(f) 和图 2.8(f) 中可以看出，与其他模型相比，MLP 更加鲁棒，能收敛到更小的损失。对于乘法来说，$E$ 在给定位置的值由 $A$ 和 $B$ 中给定位置的值以及 $A$ 和 $B$ 给定位置之前的所有位置的值决定。因此，MLP 比其他模型更适合 Multiplication 数据集，本章选择 MLP 作为 DCM 的分解模块。

在该实验中，为了使任务可分解，给 Multiplication 数据集增加了部分标签信息。测试数据集不变，训练数据集的每个样本由 5 张图像组成，每张图像包含一个整数，5 张图像分别标记为 a、b、c、d 和 e。嵌入在图像 a、b、c、d 和 e 中的数字分别为 $A$、$B$、$C$、$D$ 和 $E$。训练样本的数量是 150 000。测试数据集的每个样本由 2 张输入图像和 1 张输出图像组成，分别为 $a$、$b$ 和 $e$。每个样本中 $A$ 与 $B$ 的范围为 0 ~ 3 160，$E$ 是 $A$ 与 $B$ 之积。当某给定位置上的两个数的乘积大于 10 时进行进位操作，使用 $C$ 记录进位部分的值，使用 $D$ 记录非进位部分的值。所以，乘法被分成进位部分和非进位部分，换句话说，$C$ 与 $D$ 之和等于 $E$。例如，$A$ 和 $B$ 分别为"2 261"和"584"，那么 $C$、$D$ 和 $E$ 就分别等于"1 256 300""64 124"和"1 320 424"。计算过程如图 2.14 所示。

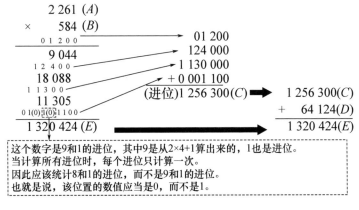

图 2.14　乘法的计算过程

DCM 划分为三个子任务：进位子任务、非进位子任务和合成子任务。首先，利

用进位子任务和非进位子任务分别学习 Multiplication 的进位和非进位部分。然后,利用合成子任务学习进位子任务和非进位子任务的合成部分。这三个子任务的网络结构相似,但网络参数不同。

(1)进位子任务:在训练过程中,图像 a 和 b 作为输入,图像 c 作为真实图像。进位子任务网络共有 5 个隐层,每一层有 256 个神经元,层与层之间是全连接的并采用 ReLU 作为隐层的激活函数,进位子任务网络最后的输出层的神经元个数与图像 c 的像素个数相同并采用 Sigmoid 作为激活函数。

(2)非进位子任务:在训练过程中,图像 a 和 b 作为输入,图像 d 作为真实图像。非进位子任务网络也有 5 个隐层,每一层有 256 个神经元,层与层之间是全连接的并采用 ReLU 作为隐层的激活函数,非进位子任务网络最后的输出层的神经元个数与图像 d 的像素个数相同并采用 Sigmoid 作为激活函数。

(3)合成子任务:在训练过程中,图像 c 和 d 作为输入,图像 e 作为真实图像。合成子任务网络有 3 个隐层,每一层有 256 个神经元,层与层之间是全连接的并采用 ReLU 作为隐层的激活函数,合成子任务网络最后的输出层的神经元个数与图像 e 的像素个数相同并采用 Sigmoid 作为激活函数。

为了方便后续描述,将真实图像命名为 x(x 可以是 c、d 或 e),将预测图像命名为 x'(x'可以是 c'、d' 或 e')。我们希望嵌入在预测图像 e' 中的数字等于真实图像 e 中的数字,即 $E' = E$。

(a)训练:在训练过程中,图像 a 和 b 作为输入图像,图像 e 作为真实图像,图像 e' 是输出图像。有趣的是图像 c 和 d 既是输入图像又是真实图像。对于进位子任务和非进位子任务来说,图像 c 和 d 是真实图像,然而,对于合成子任务来说,图像 c 和 d 是输入图像。以乘法等式"2 490 ×2 644 =6 583 560"为例来阐述一下图 2.15(a)中的训练过程。$A、B、C、D$ 和 $E$ 分别是"2 490""2 644""2 575 300""4 008 260"和"6 583 560",分别单独训练进位子任务、非进位子任务和合成子任务。对于进位子任务和非进位子任务来说,图像 a 和 b 作为输入图像,图像 c 和 d 作为真实图像,图像 c' 和 d' 分别是进位子任务和非进位子任务的输出。对于合成子任务来说,图像 c 和 d 作为输入图像,图像 e 作为真实图像,图像 e' 是输出图像。预测图像 c'、d' 与 e' 与真实图像 c、d 与 e 之间的差异越小,则 DCM 的性能越好。

(b)测试:在测试过程中,DCM 是一个端到端的模型。以乘法等式"123 × 124 =15 252"为例来阐述一下图 2.15(b)中的测试过程。$A$ 和 $B$ 分别是"123"和"124"。在测试过程中,DCM 仅仅使用图像 a 和 b 作为输入图像,然后在合成子任务的输出处直接得到一个预测图像 e'。具体来说,输入图像首先输入到进位子任务和非进位子任务中,分别得到一个进位预测层和一个非进位预测层,然后,将两个预测层级联并输入到合成子任务中,得到最终的预测结果 $E'$。$E'$ 是"15 252"

并且等于 E。这表明 DCM 在只使用纯视觉信息的前提下正确地找到了图像 a 和 b 之间的逻辑关系。

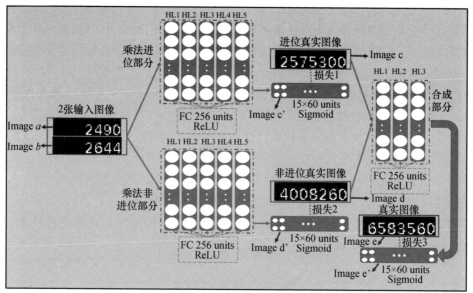

（a）DCM的训练过程

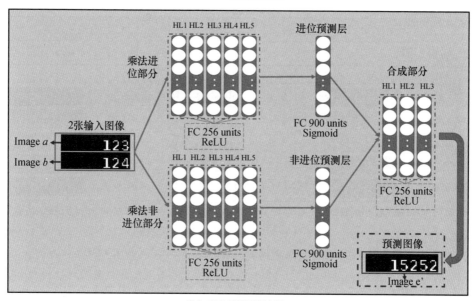

（b）DCM的测试过程

图 2.15　DCM 的训练过程和测试过程

## 二、实验结果与分析

DCM 使用均方误差损失函数进行训练,它的批处理大小设置为 256。DCM 使用动量为 0.9 的随机梯度下降法进行训练,学习率初始值为 0.8,当损失趋于平稳时慢慢减少。采用早停机制来选择模型的超参数,当模型在验证集上的损失连续 20 轮迭代之内没有继续下降时停止训练。

DCM 各子任务的准确度如表 2.5 所示。与其他代表性深度神经网络相比,DCM 在 Multiplication 数据集上取得了惊人的准确度:84.46%,这一性能远远高于 MLP 的性能。测试集上的一些视觉效果示例如图 2.16 所示。其中,图 2.16(a)展示的是 DCM 和 MLP 都预测正确的示例,图 2.16(b)展示的是 DCM 预测正确、MLP 预测错误的示例,图 2.16(c)展示的是 DCM 和 MLP 都预测错误的示例。从预测错误的示例可以看出,MLP 对后两位和前两位的预测是正确的,但对剩余三位的预测是不确定的,而 DCM 只有一位预测不准确。也就是说,DCM 可以比 MLP 确认更多的位数。

表 2.5　DCM 各子任务在 Multiplication 数据集上的测试准确度(训练集大小为 150 000)

| 数据集 | 网络分支 | | |
|---|---|---|---|
| | 进位子任务 | 非进位子任务 | 合成子任务 |
| Multiplication | 86.25% | 98.38% | 84.46% |

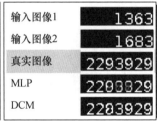

(a)DCM和MLP都预测正确的示例　(b)DCM预测正确、MLP预测 　　(c)DCM和MLP都预测错误的示例
　　　　　　　　　　　　　　　　　错误的示例

图 2.16　Multiplication 的视觉效果示例(训练集大小为 150 000)

这是 DCM 的特殊结构带来的优势,DCM 将一个复杂的任务划分为三个相对简单的子任务,即进位子任务、非进位子任务和合成子任务,每个子任务只从一个方面学习原任务,这有助于减少嵌入在预测图像 e' 中的每个预测数字的不确定性。为了方便解释 DCM 有效的原因,本章预先定义一些符号。在 LiLi 任务中,视觉逻辑学习的目标是计算如公式"数字 1 操作 数字 2 = 数字 3"中数字 3 的值。数字 $n$ 中的第 $m$ 位(最右边的位为第 1 位)表示为"$d_n^m$"。任务的复杂度是由学习输

入图像和输出图像之间逻辑关系过程中的不确定性程度(每位的可能值数量)决定的。对于加法来说,"$d_3^m$"只有 2 种可能值:"$(d_1^m + d_2^m) \bmod 10$"或"$(d_1^m + d_2^m + 1) \bmod 10$"。减法中"$d_3^m$"的情况与加法中"$d_3^m$"的情况相似。然而,乘法的不确定性程度比加法或减法的不确定性程度强得多,其中"$d_3^m$"有 10 种可能值。

一个两位数乘法可以表示为这样的公式"$d_2^1 d_1^1 \times d_2^2 d_1^2 = d_4^3 d_3^3 d_2^3 d_1^3$"或"$d_2^1 d_1^1 \times d_2^2 d_1^2 = d_3^3 d_2^3 d_1^3$"(如果"$d_4^3 = 0$")。其中,"$d_1^3$"的值是唯一的,其由"$(d_1^1 \times d_1^2) \bmod 10$"决定。除了最右边的位("$d_1^3$")以外,"$d_m^3$"中每位的可能值范围非常大。DCM 可以有效降低预测数字 3 中各位的不确定性程度。例如,"$d_3^3$"的值由乘法运算过程中的进位部分和非进位部分共同决定。其中,"$d_3^3$"的进位部分由"$d_1^2$ 与 $d_2^1$"的进位和"$d_1^1$ 与 $d_2^2$"的进位组成,其进位部分可能组合数量为 $C_9^1 C_9^1$;"$d_3^3$"的非进位部分由"$(d_1^3 \times d_2^3) \bmod 10$"决定,其非进位部分可能组合数量为 $C_{10}^1$。因此在 MLP 中,"$d_3^3$"的可能组合数量为 810($C_9^1 C_9^1 C_{10}^1$)。而 DCM 由于分别学习进位部分和非进位部分,再将进位与非进位部分合成为"$d_3^3$",因此"$d_3^3$"的可能组合数量为 101($C_9^1 C_9^1 + C_{10}^1 + C_{10}^1$)。DCM 将"$d_3^3$"可能组合数量从 810 减少到 101。因此当两个模型的预测图像都错误的时候,DCM 比 MLP 预测对了更多的位数。

# 第六节　本章小结

本章探索了一个有趣而重要的研究课题:逻辑推理模式是否可以直接从给定的数据中学习得到? 获得的主要结论如下:

(1)在机器学习视角下,定义了逻辑学习、逻辑系统以及逻辑学习任务的推理形式,作为初步探索,首次明确提出了在未定义任何推理模式的前提下直接从图像中学习和推理逻辑关系的任务,即 LiLi 任务,这为视觉逻辑任务的设计提供了指导性方法。

(2)在 LiLi 任务框架下设计了不同难度的 3 个算术逻辑数据集和 3 个布尔逻辑数据集,在这 6 个数据集上对代表性深度神经网络的逻辑推理能力进行评估,得到如下结论:在未定义逻辑模式的前提下,逻辑模式是可以直接从图像中学习得到的,但并非全部的逻辑任务都是可学习的。

(3)针对上述评价模型在复杂逻辑任务中表现不佳的问题,提出了一种采用分治策略的网络框架 DCM,DCM 将极具挑战的乘法算术逻辑的准确度从 0.36%提升到 84.46%。这一思想也可以应用于其他复杂的逻辑学习任务中,DCM 为复杂逻辑任务的学习提供了新思路。

这些结果初步建立了视觉逻辑学习的建模体系,为数据驱动的逻辑学习提供了基础保障。

# 第三章  面向抽象推理的多粒度多尺度关系学习模型

第二章从逻辑的可学习性对数据驱动的视觉逻辑学习展开了相关研究,第三章到第五章系统性地验证了逻辑可学习假说,其中,本章聚焦于抽象推理任务的相关研究。在逻辑学习中,抽象推理是其代表性工作之一。一方面,它常被用来测试不同机器的推理能力高低;另一方面,机器可以从中学习获取一定的推理能力,从而提升机器的智能水平。到目前为止,研究者已经设计了一些用于抽象推理任务的基准数据集,例如PGM(Procedurally Generating Matrices)和RAVEN。如图3.1所示,抽象推理数据集由上下文面板和选项面板组成,一个具有推理能力的机器可以通过推理隐藏在上下文面板中的逻辑关系从而在选项面板中选择正确的答案。

然而,现有推理数据集面临内嵌符号简单、推理路径固定、推理信息泄露3个设计缺陷,这容易被模型设计者利用,因此现有推理数据集可能无法准确评估模型的推理能力。为解决该问题,本章旨在构建更鲁棒、更安全、更具有挑战的抽象推理评测数据集,并将多尺度建模思想引入到关系网络的设计过程中,提出了可以很好平衡面板之间关系规模和多样性的多粒度多尺度关系学习模型,解决了现有模型对数据集推理路径探索不充分的问题。

## 第一节  问题描述

使机器具有智能是一个重要且具有挑战性的研究课题。为了开发机器的智能,研究人员提出了抽象推理任务,该任务的定义如下:

**定义3.1**(抽象推理):该任务通常设定为给定8个上下文面板,这些面板根据一个或几个逻辑关系排列在一个$3 \times 3$的矩阵中。抽象推理任务就是推理上下文面板之间的逻辑关系,并从选项面板中选择正确的答案面板。

研究人员已经提出了一些用于抽象推理任务的基准数据集,如PGM和RAVEN。它们可以在一定程度上测试机器的推理能力。图3.1(a)和(b)是基准数据集的一些示例,图的上半部分是上下文面板,下半部分是选项面板。通过推理上下文面板之间的逻辑关系可以得到,用粗框标记的选项面板就是正确答案。对现有基准数据集分析发现它们存在以下三个问题,接下来,借助于图3.1(a)和

（b）对这三个问题进行直观阐述。

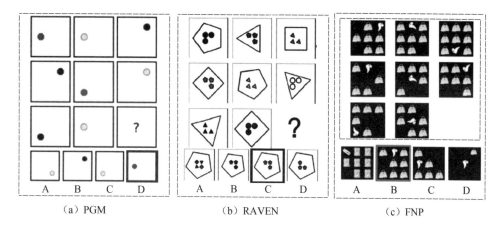

（a）PGM　　　　　　　（b）RAVEN　　　　　　（c）FNP

**图3.1　PGMs、RAVEN 和 FNP（本章所提数据集）三个数据集的样例展示图**

（1）内嵌符号简单。现有基准数据集中的内嵌对象通常是简单的几何形状如圆形和三角形等,对机器来说,从简单的几何形状中推理出正确答案是相对容易的。

（2）推理路径固定。在现有基准数据集中,逻辑模式的变化方向总是沿着行、列或行和列,这便于模型设计者利用这些路径信息设计一些看起来性能领先的推理模型,然而事实上,他们的推理能力可能并不强。

（3）推理信息泄露。现有基准数据集中使用的内嵌对象是一些常见的几何形状,如线段、圆形、三角形、矩形等,数量是有限的,因此在这些基准数据集中将多次使用各个形状。这就导致了一个问题:现有的基准数据集是内嵌对象依赖的。也就是说,出现在一个样本中的内嵌对象也可能出现在另一个样本中。因此,机器可以从其他样本中获取对当前样本有用的信息,甚至可以几乎不用当前样本的信息就可以确定当前样本适合选择哪个选项面板作为答案。这使得机器学习学到的推理能力不是纯粹的,而真正的推理应该是独立于内嵌对象的。

显然,需要针对抽象推理任务提出更复杂的数据集来测试推理模型的推理能力高低。因此,本章提出了 Fashion 非降路径（Fashion non – descending path,FNP）数据集,该数据集使用来自 Fashion – MNIST 数据集中的大量复杂样本作为 FNP 的内嵌对象,采用非降路径这种更加复杂的路径作为逻辑模式的变化方向,图3.1(c)展示了该数据的一个样例图。FNP 数据集可以有效地克服上述三个缺点。

由于现有基准数据集存在以上缺陷,因此这些数据集可能无法反映推理模型的真实推理能力。Santoro 等注意到 RN 模块擅长推理对象之间的关系,因此提出了 WReN（Wild Relation Network）模型,WReN 多次使用 RN 模块来发现每个成对面板之间的逻辑关系。然而,WReN 只考虑成对面板之间的逻辑关系,也就是假设所有成对面板都包含某种逻辑关系。事实上,有些成对面板之间可能是无关的,而有些逻辑关系可能涉及两个以上的面板。Zheng 等注意到 PGM 中逻辑模式的变化方向总是沿着行、列或者行和列,并且每行或列由三个面板组成。基于以上先验信息,Zheng 等提出了特征鲁棒抽象推理方法(Feature Robust Abstract Reasoning,FRAR),FRAR 中的逻辑嵌入网络(Logic Embedding Network,LEN)考虑所有的三三面板之间的逻辑关系。由于 LEN 只考虑三三关系,一旦数据集中的推理路径发生改变,LEN 的性能可能面临下降。LEN 这种强目的性的做法不利于发现合适的推理结构。

此外,即使考虑了全部的成对关系和三三关系也不一定能代表样本内部的真实关系。例如,在图 3.2 中有四个不同的点,其中,$D$ 点和 $C$ 点之间的距离为 1,$D$ 点和 $A$ 点之间的距离为 2,$B$ 点和 $A$ 点之间的距离为 1,$C$ 点和 $B$ 点之间的距离为 2。如果只考虑成对关系和三三关系而不做进一步的推理(图 3.2 的左侧),则得不到任何有用的信息。当考虑了全部的成对关系、三三关系和四四关系时,得到了正确的结论:它是一个矩形。

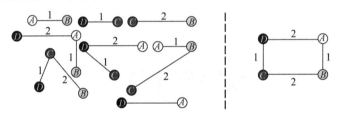

图 3.2  四个点之间的逻辑

这就引出了一个有趣的研究:什么样的网络结构更适合于抽象推理任务?研究者已经提出了一些有效的网络结构。例如,Jahrens 和 Martinetz 提出了多层关系网络(Multi-Layer Relation Networks,MLRN),该网络一开始被用于问答任务中。在问答任务中,MLRN 组合对象和问题对作为第一个 RN 层的输入,然后融合与每个对象相关的输出作为该对象的特性,接下来组合这些特征和问题对作为下一个 RN 层的输入,不停迭代该过程直到完成 MLRN 中指定数量的 RN 层操作为止。在文献[50]中,Jahrens 和 Martinetz 将 MLRN 与 WReN 相结合,并将其应用于抽象推理。在抽象推理任务中,MLRN 看起来考虑了多个面板之间的逻辑关系,但实际上它在第一个 RN 层只考虑了成对面板之间的逻辑关系,后续所有操作都是在此考虑前提下完成的,这导致 MLRN 中缺乏一些逻辑关系的考虑。

以上研究表明,考虑更多的逻辑关系有助于提高推理能力。为了进一步提高抽象推理任务的性能,需要考虑更多的多元面板之间的逻辑关系,设计更合适的网络结构。一个自然的想法便是考虑全部的成对关系,三三关系、……、九九关系。但考虑全部的 NN 关系,模式的规模将会面临失控。

　　粒计算最早由 Zadeh 在 1997 年提出,它是一种观察客观世界的方法。粒计算的提出使我们能够使用分治的思想轻松地处理复杂的问题。粒计算在分类、聚类、关联挖掘、特征选择、概念近似、群体决策等任务中得到了广泛的应用。

　　人类能够从不同的粒度层次分析数据,并选择一个合适的粒度来挖掘和管理知识。为了揭示粒空间的层次结构,Qian 等人提出了多粒度粗糙集(Multi - Gran-ulation Rough Set,MGRS),并且从代数和几何视角为基于粒认知的数据建模提供了数学理论基础。吴等提供了一种新的从多尺度角度构造多粒度的方法,这为用户选择合适的粒度提供了指导。

　　受多粒度和多尺度思想的启发,本章提出了多粒度多尺度关系网络(Multi - granulation Multi - scale Relation Network,M2RN)来解决抽象推理任务。首先,将面板分为 4 组,每组由 8 个上下文面板和 1 个选项面板组成。对于每组面板,采用多尺度采样方法来生成多尺度关系,然后使用 RN 对成对多尺度关系进行推理,对每组面板的全部逻辑关系进行打分。最后,选出得分最高的那一组面板,该组面板所包含的选项面板就是正确答案。

　　基于上述分析,本章主要有以下贡献:

　　(1)提出了新的抽象推理数据集:FNP 数据集。与其他抽象推理基准数据集相比,FNP 数据集的内嵌对象更加复杂、推理路径更具挑战性。

　　(2)在 FNP 数据集上对一些代表性抽象推理神经网络:CNN - IQ,WReN,LEN 和 MLRN 的性能进行了测试,并进行了全面的比较分析。

　　(3)提出了 M2RN 来推理面板之间的逻辑关系从而更好地解决抽象推理任务。M2RN 平衡了面板间关系的规模和多样性。

# 第二节　Fashion 非降路径数据集

　　为了克服现有基准数据集中存在的三个缺点,本章使用了 Fashion - MNIST 数据集中的样本和非降路径的思想设计了 Fashion 非降路径 FNP 数据集。

　　与圆形、三角形等简单的几何形状相比,使用 Fashion - MNIST 中的样本有以下两个优点:(1)Fashion - MNIST 数据集中每个样本的外观更加复杂,这对于机器来说是一个巨大的挑战;(2)Fashion - MNIST 数据集包括 70 000 个完全不同的样本,它的数量远远超过几何形状的数量。对于 FNP 中的每个样本,从 70 000 个样本中随机选择一个或几个样本作为内嵌对象,这保证了样本之间的对象交集几乎为空,大大减少了信息泄漏。因此,使用 Fashion - MNIST 数据集中的样本作为FNP 数据集中的内嵌对象。

　　由于采用固定的逻辑推理路径,因此现有基准数据集中的逻辑推理路径的数量较少且路径变化方向较简单。为了克服这个缺点,在本章中,使用非降序路径的思想来生成逻辑推理路径。非降路径指的是只能向右或向下的路径,它能够产生更复杂的路径,非降路径在实际问题中有着广泛的应用。图3.3 随机展示了 8 条非降路径。

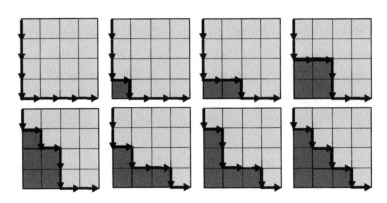

图 3.3 非降路径的示例

FNP 数据集[①]包括 50 000 个训练样本,5 000 个验证样本与 5 000 个测试样本。测试集、验证集与训练集之间的交集为空。FNP 数据集中的每个样本包含 8 个上下文面板和 4 个选项面板,每个面板的尺寸为 64 像素 × 64 像素。机器需要从这些选项面板中选择正确的一个作为正确答案。下面将详细介绍 FNP 数据集的构造过程。

假设 $O$ 是来自 Fashion – MNIST 数据集的对象集,$R$ 是由非降路径组成的逻辑推理路径集,$V = \{Rotation, Size, Number\}$ 是变化集。其中:

(1)$Rotation$:具有逻辑序列关系的面板内嵌对象以恒定的角度旋转。

(2)$Size$:具有逻辑序列关系的面板内嵌对象的尺寸通过固定的比例因子进行扩展或收缩。

(3)$Number$:具有逻辑序列关系的面板内嵌对象的数量以固定值增加或减少。

那么一个逻辑三元组可以表示为 $L = \{(o, v, r) \mid o \in O, v \in V, r \in R\}$,其中 $o$ 是一个或多个从 $O$ 中随机选择的对象;$v$ 是一个或多个从 $V = \{Rotation, Size, Number\}$ 中随机选择的变化,并且每一个值的变化范围都很大,此外,$o$ 将出现在面板的不同位置,这给 FNP 数据集带来了额外的挑战;$r$ 是一个从非降路径集 $R$ 中随机选择的路径。

本章将一个完整的抽象推理问题视为一个 3 × 3 的点矩阵,其中非降路径指的是向右、向下或向右下。将非降路径的思想嵌入到数据集中,以取代像行等简单的逻辑路径。

---

① hts:∥pan. baidu. com/s/ 1qh6GQPJhlJoeqdV5gXj YDA? pwd = n3gl

FNP 中的每个样本都是根据逻辑三元组 $L = \{ (o,v,r) \mid o \in O, v \in V, r \in R \}$ 中 $o, v$ 和 $r$ 取不同值生成的。

根据样本中变化的数量,FNP 数据集可分为两类:单一变化和组合变化。当然,位置的变化作为 FNP 数据集的"常驻变化"不包含在内。

对于单一变化来说,一个样本的每个上下文面板只包含一种变化。根据样本变化的种类,单一变化可以分为三类:$Rotation$、$Size$ 和 $Number$。本章从 $O$ 中随机选择一个对象,从 $R$ 中随机选择一条非降路径,并使用指定的变化来生成一个样本。图 3.4(a)、(b) 和(c) 分别是单一变化 $Rotation$、$Size$ 和 $Number$ 的示例。接下来,将以 $Rotation$ 为例具体阐述单一变化样本的生成过程。首先,随机选取一个初始角度和变化角度,将根据初始角度和变化角度旋转的对象嵌入到上下文面板中,然后将这些上下文面板依次放置在选定的非降路径上。接下来,将根据随机角度旋转的对象嵌入到其余的上下文面板中。最后,根据不同的干扰层次生成四个包含正确答案在内的选项面板。

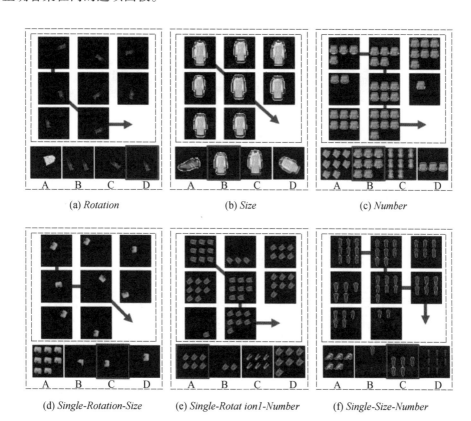

(a) *Rotation*　　　　(b) *Size*　　　　(c) *Number*

(d) *Single-Rotation-Size*　　(e) *Single-Rotation1-Number*　　(f) *Single-Size-Number*

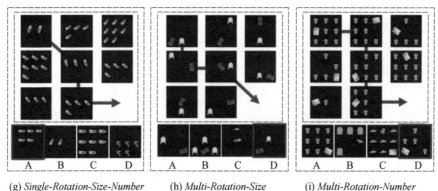

(g) *Single-Rotation-Size-Number*     (h) *Multi-Rotation-Size*     (i) *Multi-Rotation-Number*

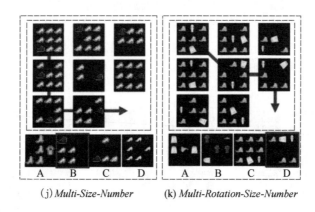

（j）*Multi-Size-Number*        (k) *Multi-Rotation-Size-Number*

**图 3.4　FNP 数据集的样本**

　　对于组合变化来说,一个样本的每个上下文面板包含多种变化。根据样本变化的组合种类,组合变化可以分为四类: *Rotation － Size*, *Rotation － Number*, *Size － Number* 和 *Rotation － Size － Number*。根据样本中对象的种类数量,每种组合变化又可进一步分为单对象组合变化和多对象组合变化。图 3.4(d) － (k)是组合变化的一些示例。

　　此外,本章在选项面板上设置了不同层次的干扰信息以增加数据集的难度。图 3.5 是不同层次的干扰信息的示意图。这些干扰包括随机干扰、对象干扰、变化干扰和路径干扰。其中,随机干扰指的是不依赖任何推理规则而随机生成的选项面板。显然,这是最容易被排除的干扰。对象干扰、变化干扰和路径干扰分别指的是嵌入在选项面板中的错误对象、选项面板的错误变化和选项面板的错误推理路径。对象干扰是一种视觉干扰,而变化干扰和路径干扰则是推理干扰。与推理干扰相比,视觉干扰相对容易排除。例如,在图 3.4(c) 中,与排除选项面板 D (变化干扰)相比,选项面板 A 和 C(对象干扰)相对容易排除。通过推理包含在每个面板中的变化可以排除变化干扰,而路径干扰只能通过全部面板之间的关系来排除。例如,在图 3.4(h)中,选项面板 B(变化干扰)要比选项面板 A(路径干扰)容易排除,这是由于正确选项面板和选项面板 A(路径干扰)不包括数量变化,而选项面板 B(变化干扰)包括数量变化。找到一条满足所有逻辑关系的正确推理路径是最难的,因此路径干扰是最难被排除的。

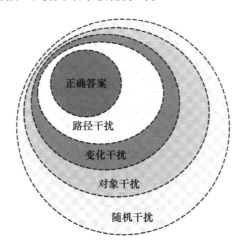

图 3.5　不同层次的干扰信息

综上所述,FNP 数据集具有以下优点:

(1)FNP 数据集中的内嵌对象要比一般的几何形状复杂得多,这对机器来说更具有挑战性。

(2)FNP 数据集是内嵌对象独立的,可以避免推理信息泄露问题。

(3)FNP 数据集采用非降路径的思想代替了行、列等简单的路径作为新的逻辑路径,这样可以避免模型设计者利用推理路径信息来设计模型。

(4)在选项面板中应用了不同层次的干扰信息,使错误选项面板具有层次性,以增加数据集的难度。

# 第三节　多粒度多尺度关系网络

## 一、RN

RN 模块经常被用来处理关系推理任务。给定一些"对象"$O$,RN 将来自 $O$ 的全部对象两两组合,以某种方式推导出每对对象之间的关系,然后将这些成对关系相加,RN 通过推理相加的结果得出 $O$ 中蕴含的逻辑关系。

公式(3.1)是 RN 的函数形式

$$\text{RN}(O) = f_\phi\left(\sum_{i,j} g_\theta(o_i, o_j)\right) \tag{3.1}$$

其中 $O=\{o_1,o_2,\cdots,o_n\}$，$o_i$ 是 $O$ 的第 $i$ 个对象，在文献[51]中 $f_\phi$ 和 $g_\theta$ 是多层感知机。$g_\theta$ 是一个成对关系，表示 $o_i$ 和 $o_j$ 是否相关或者在何种程度上相关。

为抽象推理任务设计的模型（例如文献[45]）总是多次使用 RN 模块进行抽象推理。

## 二、M2RN

本小节中详细介绍了所提出的 M2RN。如图 3.6 所示，M2RN 的框架主要包括三个阶段：感知阶段、推理阶段和回答阶段。

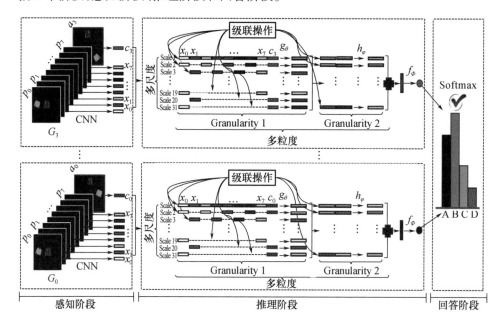

**图 3.6　M2RN 的网络架构**

为了方便描述，用 $\{p_i\}_{i=0}^{7}$ 表示 8 个上下文面板，用 $\{a_i\}_{i=0}^{3}$ 表示 4 个选项面板。M2RN 的工作原理如下：

（1）感知阶段：这部分从视觉上感知面板中的对象和变化。将 12 个面板（8 个上下文面板和 4 个选项面板）分为 4 组，每组包括 8 个上下文面板和 1 个选项面板。如图 3.6 所示，组 0 是 $G_0=\{p_0,p_1,\cdots,p_7,a_0\}$，组 1 是 $G_1=\{p_0,p_1,\cdots,p_7,a_1\}$，依次类推。对于每组 $G_i$，将 $G_i$ 中的每个面板单独输入到一个 4 层的卷积神经网络（CNN），该 CNN 的每一个卷积层后面都有一个 ReLU 激活函数、批归一化（Batch Normalization）和尺度为 2 的最大池化层。然后，将 CNN 的输出拉平得到每个面板 $p_i$ 或 $a_i$ 的嵌入向量 $x_i$ 或 $c_i$。

（2）推理阶段：这部分推理上下文面板和选项面板之间的逻辑关系。只考虑

像 WReN 一样的成对关系是不够的,但同时考虑到全部的 NN 关系会造成模型的
规模失控。因此,希望开发一个打破或平衡这两个限制的模型。本章提出了一种
多尺度采样方法来生成多尺度关系。具体来说,将每个面板视作一个采样点,然
后分别间隔尺度 0 到 7 进行采样。采样的尺度为 0 表示全部 9 个面板都被采样
(即图 3.6 中的 Scale 1),采样的尺度为 1 表示间隔 1 个面板采样(0 - 2 - 4 - 6 - 8
和 1 - 3 - 5 - 7,即图 3.6 中的 Scale 2 和 Scale 3),依次类推。最后,将得到 21 种
面板组合,远远少于所有可能组合关系(502)。采样的过程见表 3.1。

表 3.1　多尺度采样方法

| 采样尺度 | 面板序号 | | | | | | | | |
|---|---|---|---|---|---|---|---|---|---|
| | 0 | 1 | 2 | 3 | 4 | 5 | 6 | 7 | 8 |
| 0 | 0 | 1 | 2 | 3 | 4 | 5 | 6 | 7 | 8 |
| 1 | 0 | | 2 | | 4 | | 6 | | 8 |
| 1 | | 1 | | 3 | | 5 | | 7 | |
| 2 | 0 | | | 3 | | | 6 | | |
| 2 | | 1 | | | 4 | | | 7 | |
| 2 | | | 2 | | | 5 | | | 8 |
| ⋮ | | | | ⋮ | | | | | |
| 6 | 0 | | | | | | | 7 | |
| 6 | | 1 | | | | | | | 8 |
| 7 | 0 | | | | | | | | 8 |

推理在两个粒度上实施,其工作原理如下:

(a)在第一个粒度上,将与每个采样规则对应的面板嵌入向量级联起来,然后
使用一个函数 $g_\theta$ 将它们映射到相同维度空间。这样实现了多尺度空间的对齐,这
些对齐的向量构成了 M2RN 的 Granularity 1。每个尺度的初始推理是在 Granulari-
ty 1 上实施的。

(b)在第二个粒度上,将对齐向量进行两两组合,接着利用 $h_\varphi$ 来挖掘每对对
齐向量之间的关系。$h_\varphi$ 的输出组成了 M2RN 的 Granularity 2。每个尺度对(成对
对齐向量)之间的深度推理是在 Granularity 2 上进行的。然后,将 $h_\varphi$ 的输出通过
逐个元素的加法运算符融合到一个向量中。最后,通过 $f_\phi$ 将融合向量映射为一个
标量(分数),$f_\phi$ 是通过一个全连接层后接一个 Sigmoid 激活函数实现的。$g_\theta$ 和 $h_\varphi$
也是通过全连接层实现的。

（3）回答阶段：这一部分是根据推理阶段得到的四个分数来选择正确的选项面板。将这四个分数输入到 Softmax 激活函数中，然后选择得分最高组对应的选项面板作为最终答案。

M2RN 以一种数据驱动的方式学习抽象推理。为了更方便地理解 M2RN，这里提出一个案例分析。采用图 3.4(b) 中的 *Single - Rotation - Size* 为例进行说明。M2RN 通过感知和推理 8 个上下文面板和 4 个选项面板选择正确的选项面板。首先，将这些面板分为四组，每组包含所有的上下文面板和一个选项面板，使用 CNN 来提取每个面板的特征。在每组中，通过 M2RN 的多粒度多尺度关系模块对提取的特征进行推理，然后给每组进行打分。得分最高的组中所包含的选项面板是 C，因此，选择面板 C 是正确的答案。

## 第四节　有效性研究与分析

### 一、比较方法

为了评价 M2RN 结构的有效性，本章将其与近年来相关方法的模型结构进行了比较。为了公平起见，这些模型的公共部分使用相同的参数设置。WReN，LEN，MLRN 和 M2RN 将每个面板单独输入到一个 4 层的 CNN 中，如第三节中的感知阶段所示。

1. CNN - Hoshen：本章实现了与文献[47]中类似的网络结构。首先，将上下文面板和选项面板输入到一个 5 层的 CNN 中，该 CNN 的每一个卷积层后面都有一个 ReLU 激活函数、批归一化层和最大池化层。然后，通过将最后一个池化层的输出进行 Flatten 操作，从而得到一个一维特征向量。最后，将该特征向量通过一个全连接层和一个 Softmax 激活函数映射到一个概率输出，输出概率最高的选项面板。

2. WReN：本章实现了与文献[45]中类似的网络结构。首先，根据第三节中的感知阶段所述得到各个面板的嵌入向量，然后给每个面板的嵌入向量标记一个 One - hot 形式的标签，该标签表示该面板的位置（左上角的面板标记为 0，顶部中间的面板标记为 1，依次类推）。在各个组中，将面板的嵌入向量两两组合形成成对关系，使用 RN 来推理全部成对关系。具体来说，对于每个成对关系，级联该成对关系的面板的嵌入向量和标签，将级联结果输入到一个全连接层中。然后，把全连接层的所有输出逐元素相加，输入到一个 2 层全连接层和一个 Sigmoid 激活函数中。通过 Sigmoid 激活函数，每组会得到一个分数。最后，将这四组的分数传递给 Softmax 激活函数，输出概率最高的选项面板。

3. LEN：本章实现了与文献[48]中类似的网络结构。首先，根据第三节中的感知阶段所述得到各个面板的嵌入向量。在各个组中,将任意三个面板的嵌入向量进行级联操作形成三三关系。然后,将 8 个上下文面板同时传递给一个 4 层 CNN 得到一个联合嵌入向量,该 CNN 的每个卷积层之后都有一个 ReLU 激活函数、批归一化层和最大池化层。接着,将每个三三关系向量和联合嵌入向量级联,输入到一个全连接层中。将所有全连接层的输出逐元素相加,输入到一个 2 层全连接层和一个 Sigmoid 激活函数中。通过 Sigmoid 激活函数,每组会得到一个分数。最后,将这四组的分数传递给 Softmax 激活函数,输出概率最高的选项面板。

4. MLRN:本章实现了与文献[50]中类似的网络结构。首先,根据第三节中的感知阶段所述得到各个面板的嵌入向量。为了方便后续描述,用 $p_i$ 表示在组中第 $i$ 位置处的面板的嵌入向量。在各个组中,每个 $p_i$ 分别与全部的面板的嵌入向量(包括自身)两两级联,将各自的级联结果输入到全连接层中,将与 $p_i$ 相关的全连接层的输出逐元素相加。然后,再重复一遍该过程。将得到的全连接层的输出全部逐元素相加,输入到一个 2 层全连接层和一个 Sigmoid 激活函数中。通过 Sigmoid 激活函数,每组会得到一个分数。最后,将这四组的分数传递给 Softmax 激活函数,输出概率最高的选项面板。

## 二、实验设置

在实验中,这些方法使用 Keras API(版本:2.1.6)实现,操作环境为 Ubuntu 16.04.4、512 GB DDR4 RDIMM、2X 40 − Core Intel(R) Xeon(R) CPU E5 − 2698 v4 @ 2.20GH 和 16GB GPU 内存的 NVIDIA Tesla P100。

数据集中的样本的像素通过除以 255 归一化到 0 ~ 1 之间。每个模型都使用 ADAM 优化器进行训练,学习率设置为 0.001,批处理大小设置为 64,总迭代次数设置为 300。为了获得良好的泛化性能,采用早停机制来选择模型的超参数,当模型在验证集上的正确率在 10 个 Epoch 之后没有继续提高时,就停止训练。表 3.2 和表 3.3 是模型的超参数设置。

表 3.2　CNN − Hoshen 的超参数设置

| 模型 | 超参数 |
|---|---|
| CNN − Hoshen | Conv(32,(3,3)) − > BN − > MaxPool((2,2)) − > |
| | Conv(32,(3,3)) − > BN − > MaxPool((2,2)) − > |
| | Conv(32,(3,3)) − > BN − > MaxPool((2,2)) − > |
| | Conv(32,(3,3)) − > BN − > MaxPool((2,2)) − > |
| | Conv(32,(3,3)) − > BN − > MaxPool((2,2)) − > |
| | Flatten − > Dense(4,softmax) |

**表 3.3　WReN、LEN、MLRN 和 M2RN 的超参数设置**

| 结构 | WReN | LEN | MLRN | M2RN |
|------|------|-----|------|------|
| 相同部分 | $Conv(32,(3,3)) - >BN - >MaxPool((2,2)) - >$<br>$Conv(32,(3,3)) - >BN - >MaxPool((2,2)) - >$<br>$Conv(32,(3,3)) - >BN - >MaxPool((2,2)) - >$<br>$Conv(32,(3,3)) - >BN - >MaxPool((2,2)) - > Flatten - >$ | | | |
| 不同部分 | $Concat - >$<br>$RN - >$ | $RN + Concat - >$ | $Concat - >$<br>$Dense(256,relu) - >$<br>$Add - >$<br>$Concat - >$ | $Granulation + Concat - >$<br>$Dense(256,relu) - >$<br>$RN - >$ |
| 相同部分 | $Dense(256,relu) - > Add - >$<br>$Dense(256,relu) - > BN - >$<br>$Dense(1,sigmoid) - > Concat - >$<br>$Activation(softmax)$ | | | |

### 三、实验结果与分析

本章在 FNP 数据集上测试了比较方法和 M2RN 的性能。WReN、LEN、MLRN 和 M2RN 都是将每个面板单独输入一个 4 层 CNN 来获得面板嵌入向量,但是却得到了不同的实验效果。这是由于他们的推理结构不同,一个好的推理结构有利于提高实验性能。

准确度见表 3.4,黑体值表示所有方法中的最高准确率。通过表 3.4 可以观察到:

(1)所有方法的准确度都高于随机猜想,这说明这些方法确实具有抽象推理能力。

(2)WReN、LEN、MLRN 和 M2RN 的性能均高于 CNN - Hoshen,这表明面板嵌入向量操作确实适合于抽象推理任务。

(3)由于 FNP 使用了非降路径的思想来生成数据集,与 WReN、MLRN 和 M2RN 的准确度相比,LEN 的准确度是最低的。这是因为 LEN 最初设计时是针对推理路径单一的基准数据集的,当推理路径发生变化时,LEN 算法的有效性将大大降低。

(4)MLRN 的准确度高于除 M2RN 之外的方法,这表明在不同粒度层次上进行关系推理是有效的。

(5)M2RN 获得了最好的性能,它的准确度为 71.02% ,M2RN 的准确度比第二名(MLRN)的准确度高 5% 左右,这说明 M2RN 方法的结构有利于提高抽象推理任务的准确性。M2RN 不关注特定的推理路径,而是从多粒度多尺度视角对上下文面板和选项面板之间的关系进行推理。因此,M2RN 可以以某种方式解决推理路径未知问题。

表 3.4　在 FNP 数据集上的测试准确度

| 方法 | FNP |
| --- | --- |
| 随机猜想 | 25.00% |
| CNN – Hoshen | 51.92% |
| WReN | 65.22% |
| LEN | 62.44% |
| MLRN | 66.28% |
| M2RN | **71.02%** |

由于 CNN – Hoshen 的性能明显低于其他方法的性能,因此只分析 WReN、LEN、MLRN 和 M2RN 这些使用了面板嵌入向量操作的方法在验证集上损失的变化情况。图 3.7 是 WReN、LEN、MLRN 和 M2RN 在 FNP 验证集上的损失变化曲线。由于使用了早停机制,因此这些模型需要的迭代次数是不同的。通过图 3.7 可以观察到:

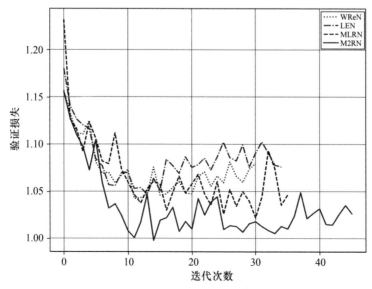

**图 3.7　WReN、LEN、MLRN 和 M2RN 在 FNP 验证集上的损失变化曲线**

（1）这四种方法的损失都随着迭代次数的增加而减小。这表明四种方法都是收敛的。

（2）M2RN 的损失曲线在最下方，迭代停止时，与其他方法相比其损失也是最小的，其次是 MLRN，然后是 WReN，最后是 LEN，这种现象与表 3.4 中观察到的情况是一致的。

为了进行更深入的分析，本章测试了比较方法和 M2RN 在不同变化下的性能。实验结果见表 3.5，黑体值表示所有方法中的最高准确率。通过表 3.5 可以观察到：

（1）在不同变化上，所有方法的准确度均高于随机猜想，这进一步说明这些方法确实具有抽象推理的能力。

表 3.5　在不同变化上的测试准确度

| 变化 | 随机猜想 | CNN – Hoshen | WReN | LEN | MLRN | M2RN |
|---|---|---|---|---|---|---|
| *Rotation* | 25.00% | 67.78% | **94.34%** | 93.08% | 93.38% | 93.42% |
| *Size* | 25.00% | 64.84% | 76.60% | 76.94% | 76.70% | **77.54%** |
| *Number* | 25.00% | 86.18% | 92.92% | 90.28% | 92.30% | **93.28%** |
| Avg. 1 | 25.00% | 72.93% | 87.95% | 86.77% | 87.46% | **88.08%** |
| *Single – Rotation – Size* | 25.00% | 45.90% | 44.28% | 44.42% | 78.16% | **78.92%** |
| *Single – Rotation – Number* | 25.00% | 69.28% | 85.12% | 85.48% | 86.46% | **86.48%** |
| *Single – Size – Number* | 25.00% | 75.68% | 82.62% | 82.52% | 83.34% | **84.68%** |
| *Single – Rotation – Size – Number* | 25.00% | 65.12% | 83.12% | 80.30% | 85.46% | **86.64%** |
| Avg. 2 | 25.00% | 64.00% | 73.79% | 73.18% | 83.36% | **84.18%** |
| *Multi – Rotation – Size* | 25.00% | 44.78% | 51.46% | 50.56% | 52.02% | **52.32%** |
| *Multi – Rotation – Number* | 25.00% | 58.82% | 73.74% | 74.96% | 75.28% | **77.86%** |
| *Multi – Size – Number* | 25.00% | 73.64% | 73.34% | 74.96% | 78.78% | **80.76%** |
| *Multi – Rotation – Size – Number* | 25.00% | 60.52% | 76.20% | 72.28% | 78.38% | **79.90%** |
| Avg. 3 | 25.00% | 59.44% | 68.69% | 68.19% | 71.12% | **72.71%** |
| Total avg. | 25.00% | 64.78% | 75.79% | 75.07% | 80.02% | **81.07%** |

（2）所有方法的总平均准确度（total avg.）分别高于表 3.4 中所有方法的准确度，这表明对机器来说将单一变化和组合变化混合起来是难学习的。

（3）所有方法在单一变化上的平均准确度（avg.1）分别高于所有方法在组合

变化上的平均准确度(avg.2 和 avg.3)。这表明单一变化要比组合变化容易,这一点与人类的认知是一致的。所有方法在单个目标对象上的平均准确度(avg.2)分别高于所有方法在多个目标对象上的平均准确度(avg.3),这意味着更多的对象使数据集变得更加复杂困难。

(4)对于单一变化来说,所有方法在 Size 上的准确度都比在 Rotation 和 Number 上的准确度要低,这表明 Size 变化比 Rotation 变化和 Number 变化更难以学习。对于 Rotation 变化来说,WReN、LEN、MLRN 和 M2RN 的准确度比 CNN – Hoshen 的准确度高27% 左右,这说明面板的嵌入向量的操作非常适合于 Rotation 变化。

(5)对于组合变化来说,所有方法在 Rotation – Size 组合变化上的准确度是最低的,这表明 Rotation – Size 组合变化是最难学习的组合变化。所有方法在 Rotation – Size – Number 组合变化上的准确度要高于所有方法在 Rotation – Size 组合变化上的准确度,这是因为 Number 变化相对容易学习,Number 的相关信息可以用来帮助确定一些样本的最终答案。

(6)在不同变化上,WReN、LEN、MLRN 和 M2RN 的总平均准确度均高于 CNN – Hoshen的总平均准确度。这进一步表明在 FNP 上面板的嵌入向量的操作确实是有效的。

(7)当面对单一变化时(和组合变化相比相对简单),WReN 可以通过只推理一个或几个成对关系来选择正确的选项面板,因此该方法可以获得与 M2RN 相似的准确度。与 Size 变化和 Number 变化中内嵌对象的感受野相比,Rotation 变化中内嵌对象的感受野大小是固定的。因此在考虑成对关系推理时,Rotation 变化比 Size 变化和 Number 变化相对简单一些,WReN 在 Rotation 变化上的准确度略高于 M2RN 的准确度。

(8)在除了 Rotation 变化以外的其他变化上,M2RN 方法的准确度比其他方法的准确度要高。这进一步表明 M2RN 的结构确实非常适合于抽象推理任务。此外,任务越困难,M2RN 就表现得越好。

综上所述,与实验中使用的其他方法相比,M2RN 能够很好地完成抽象推理任务。实验结果表明,多粒度多尺度结构适合推理提取的特征之间的关系。

# 第五节　本章小结

抽象推理是人工智能领域中最重要的工作之一,本章聚焦于抽象推理任务的相关研究。获得的主要结论如下:

(1)本章仔细且全面地分析了专门为抽象推理任务设计的基准数据集,发现它们存在三个问题:对机器来说,它们使用的内嵌对象相对容易推理;由于使用的内嵌对象的数量有限,基准数据集可能存在信息泄漏问题;推理路径容易被模型设计者利用,因此基准数据集可能不能很好地评测机器的真实推理性能。为了解决这些问题,本章将复杂符号、非降路径引入到抽象推理数据集的设计中,构建了更鲁棒、更安全、更具有挑战性的面向抽象推理任务的评测数据集 FNP,为现有抽象推理数据集面临的内嵌符号简单、推理路径固定、推理信息泄露问题提供了有效解决方案。

(2)在 FNP 上重新评估了代表性抽象推理方法,指出利用数据集推理路径信息设计的网络存在泛化性弱的问题。将多尺度建模思想引入到关系网络的设计过程中,提出了可以很好地平衡面板之间关系的规模和多样性的 M2RN,解决了现有模型对数据集推理路径探索不充分和利用数据集推理路径信息设计的网络存在泛化性弱的问题。

本章系统性的对抽象推理任务进行了分析,为设计更加合理的抽象推理模型提供了思路,对抽象推理的发展起到了推动作用。

# 第四章　面向序列逻辑的自适应加权学习模型

第三章到第五章系统性地验证了逻辑可学习假说,其中,本章聚焦于序列逻辑任务的相关研究。对于序列逻辑任务来说,一方面,因人类掌握专家知识的有限性,无法准确建模全部与序列预测相关的模式,因此设计数据驱动的预测方法是十分必要的;另一方面,在有些序列逻辑任务里,同等或更关注离当前时刻近的数据可能不是最佳的,因此应对输入数据设计自适应的权重分配方案。本章从序列逻辑出发,提出一种数据驱动的自适应预测方法。

## 第一节　问题描述

序列预测,指的是根据一列按某种顺序排列的对象或事件来预测下一个对象或事件。序列预测方法在各个序列预测领域之中具有广泛的应用,例如股票市场预测、厄尔尼诺预测、天气预测等,如图 4.1 所示。对序列下一项的正确预测可以有效帮助人们预测事物未来发展趋势,研究对策规避可能存在的风险。

序列预测问题是归纳推理和模式发现的经典问题之一,为完成序列预测任务,研究者们已经提出了很多序列预测算法和模型,例如 Holt - Winters 季节性预测模型、自回归移动平均模型(ARIMA)、SFA - PR 等。经过分析发现,现有序列预测方法具有以下特点:

(1)这些方法大多对所输入的数据的意义是已知的,因此可以利用一些先验知识进行逻辑规则发现,例如相关数学知识可用于序列通项发现。然而,人类的认知是有限的,利用现有专家知识不足以完成所有的序列预测任务,尚有许多新逻辑模式有待发现。因此,本章提出一种序列逻辑任务,称之为 Fashion - Sequence 任务,并设计了数据驱动的序列预测方法来完成 Fashion - Sequence 任务。Fashion - Sequence 任务中内嵌的逻辑模式是序列通项,且数据形式是视觉符号,值得注意的是在 Fashion - Sequence 任务中图像的内容和图像之间的逻辑关系是未知的。研究面向视觉形式的预测问题是十分有意义的,在很多情况下需要破解意义未知的数据,例如考古时经常面对意义未知的视觉数据。本研究希望从视觉的角度出发对序列预测任务起到推动作用。

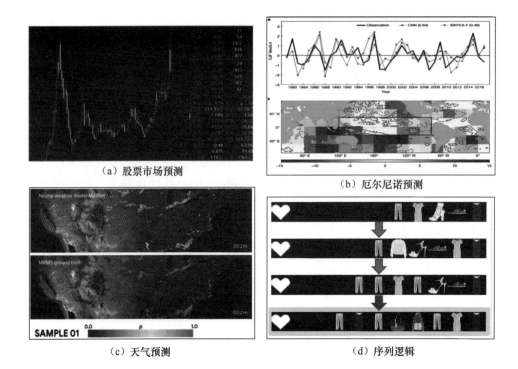

（a）股票市场预测

（b）厄尔尼诺预测

（c）天气预测

（d）序列逻辑

**图4.1　序列预测方法在各个领域之中的应用**

（2）假设与当前时刻有关的信息出现在其上下文中，且通常越靠近当前时刻的数据对于预测任务贡献越大。因此，一些现有序列预测方法在预测过程中会给离当前时刻远的数据赋予较小权重，离当前时刻近的数据赋予较大权重。例如，霍尔特(Holt)指数平滑法包含三个方程：水平方程、趋势方程和相加方程，其中水平方程和趋势方程的权重随时间升序呈指数级上升，如图4.2（a）所示。而序列预测不一定满足该规律，序列中数据的贡献程度与内嵌的逻辑规则相关。例如斐波那契(Fibonacci)序列 $a_n = a_{n-1} \pm a_{n-2}$，其中 $a_1 = 1$，$a_2 = 1$，对于 $a_6$ 来说，$a_5$ 与 $a_4$ 的贡献相等且大于序列中的其他数，如图4.2（b）所示。序列中内嵌的逻辑模式千差万别，而在进行预测时不一定需要用到序列中的全部图像，也就是说有些图像可能是冗余的甚至是负向影响的。在本研究中，序列中内嵌的逻辑规则是未知的，各个图像对最终预测结果的贡献是不同的，因此提出一种自适应加权网络，从而自适应地确定序列中每项的权重大小。

具体来说，自适应加权网络利用注意力机制的思想对序列的不同输入维度自适应的赋予不同权重，然后再进行预测任务得到最终的预测图像。其中，自适应加权模块是一个可插入模块，可以配合任何预测模块进行使用。

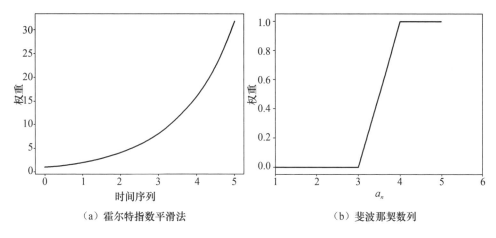

（a）霍尔特指数平滑法　　　　　　　（b）斐波那契数列

图4.2　霍尔特指数平滑法与序列所用预测方法的权重信息的区别

# 第二节　序列逻辑任务

## 一、Fashion – Sequence 任务

本章提出 Fashion – Sequence 任务,一种面向图像的序列预测任务,该任务面向的是意义未知的图像数据,且数据中嵌入的逻辑模式也是未知的,目的是预测序列的下一项。简单来说就是输入前 $n-1$ 张图像,机器根据输入图像来预测第 $n$ 张图像的内容。在本章中,$n$ 的可能取值是 4、5 和 6。对于机器来说,它既不知道每张图像的含义也不知道图像间的逻辑关系,这是 Fashion – Sequence 任务的两个难点。在该任务中,数据集是由 Fashion – MNIST 数据集的对象构建形成的,为了评测模型的性能,本章将现有的序列规则如等差、等比、斐波那契和卢卡斯等嵌入到样本中。数据集的具体实现方案如下部分所示。

## 二、Fashion – Sequence 数据集

为了完成 Fashion – Sequence 任务,构建了 Arithmetic、Geometric、Fib – Luc 和 General 这四个 Fashion – Sequence 数据集,下面将从逻辑关系角度出发来详述每个数据集:

(1) Arithmetic: Arithmetic 是以 $a_1$ 为首项,$d$ 为公差的等差序列。等差序列是一种任意相邻两个数的差等于同一个常数的序列。当 $d=0$ 时,等差序列变成一个常数序列。Arithmetic 序列的逻辑关系通项公式如公式(4.1)所示

$$a_n = a_1 + (n-1) \times d, n \geq 1 \tag{4.1}$$

（2）Geometric：Geometric 是以 $a_1$ 为首项，$q$ 为公比的等比序列。等比序列是一种任意相邻两个数的比等于同一个常数的序列。当 $q=1$ 时，等比序列变成一个常数序列。当 $q=-1$ 时，等比序列变成一个简单的周期序列。Geometric 序列的逻辑关系通项公式如公式（4.2）所示

$$a_n = a_1 \times q^{n-1}, n \geq 1 \qquad (4.2)$$

（3）Fib－Luc：Fib－Luc 序列从第三个数开始，其等于与之相邻的前两个数的和或差。当 $i=1, j=1$ 时，Fib－Luc 序列变成一个斐波那契序列。当 $i=1, j=3$ 时，Fib－Luc 序列变成一个卢卡斯（Lucas）序列。Fib－Luc 序列的逻辑关系通项公式如公式 4.3 所示

$$a_n = \begin{cases} i, n = 1 \\ j, n = 2 \\ a_{n-1} \pm a_{n-2}, n > 2 \end{cases} \qquad (4.3)$$

（4）General：General 序列从第三个数开始，其等于与之相邻的前两个数的和或差再加上或者乘以一个常数 $b$。当加上 $b$ 且 $b$ 为 0 或者乘以 $b$ 且 $b$ 为 1 时，General 序列变成一个 Fib－Luc 序列。General 序列的逻辑关系通项公式如公式（4.4）和公式（4.5）所示

$$a_n = \begin{cases} i, n = 1 \\ j, n = 2 \\ a_{n-1} \pm a_{n-2} + b, n > 2 \end{cases} \qquad (4.4)$$

$$a_n = \begin{cases} i, n = 1 \\ j, n = 2 \\ (a_{n-1} \pm a_{n-2}) \times b, n > 2 \end{cases} \qquad (4.5)$$

接下来，将以 $n=4$ 为例，详述数据集的生成过程。Fashion－MNIST 是一个 10 分类的数据集，类别的标签分别为 0，1，…，9，每个类别包括 7 000 张不同的商品图像，每张图像的大小是 28 px × 28 px。从 Fashion－MNIST 数据集的每个类别中分别随机挑选 1 张图像，被挑选出的 10 张图像分别表示 0～9。然后从扑克牌的 4 个花色中随机挑选 1 个花色表示"－"（负号）。被挑出来的图像与语义的对应关系如图 4.3 所示，为了方便描述，称被挑出来的图像为元素图像。

**图 4.3 负号和 0～9 的示意图**

在本章中,Fashion - Sequence 数据集的每张图像的大小固定为 28 px × (28 × 11) px,其由一串长度小于或等于 11 的元素图像组成。对于一个样本来说,称输入图像为 $x_i = \{x_i^1, x_i^2, x_i^3\}$,则嵌入在输入图像的数字分别为 $a_1, a_2$ 和 $a_3$,称输出图像为 $y_i$,嵌入在输出图像的数字为 $a_4$。图 4.4 是 Fashion - Sequence 数据集的一些样例。

(1) Arithmetic:以首项为 -815 874 164,公差为 -8 的等差序列为例描述 Arithmetic 数据集的生成过程。首先,根据公式 4.1 计算出 $a_2 = -815\ 874\ 172, a_3 = -815\ 874\ 180$ 和 $a_3 = -815\ 874\ 188$,然后使用图 4.3 中的元素图像取代 $a_1 \sim a_4$ 中的负号和数字,从而生成 Image $x_i^1$,Image $x_i^2$,Image $x_i^3$ 和 Image $y_i$ 如图 4.4(a) 所示。

(2) Geometric:以首项为 -13 970,公比为 9 的等比序列为例描述 Geometric 数据集的生成过程。首先,根据公式(4.2)计算出 $a_2 = -125\ 730, a_3 = -1\ 131\ 570,$ $a_4 = -10\ 184\ 130$,然后使用图 4.3 中的元素图像取代 $a_1 \sim a_4$ 中的负号和数字,从而生成 Image $x_i^1$,Image $x_i^2$,Image $x_i^3$ 和 Image $y_i$ 如图 4.4(b) 所示。

(3) Fib - Luc:以前两项为 -72 339 和 -72 603,运算符为" + "的序列为例描述 Fib - Luc 数据集的生成过程。首先,根据公式(4.3)计算出 $a_3 = -144\ 942$ 和 $a_4 = -217\ 545$,然后使用图 4.3 中的元素图像取代 $a_1 \sim a_4$ 中的负号和数字,从而生成 Image $x_i^1$,Image $x_i^2$,Image $x_i^3$ 和 Image $y_i$ 如图 4.4(c) 所示。

(4) General:以前两项为 -16 541 和 -6 683,前两项的运算符为" + ",然后乘以常数 -7 的序列为例描述 General 数据集的生成过程。首先,根据公式 4.5 计算出 $a_3 = 162\ 568$ 和 $a_4 = -1\ 091\ 195$,然后使用图 4.3 中的元素图像取代 $a_1 \sim a_4$ 中的负号和数字,从而生成 Image $x_i^1$,Image $x_i^2$,Image $x_i^3$ 和 Image $y_i$ 如图 4.4(d) 所示。

将每个数据集分为三部分:训练集、验证集和测试集,这三部分中任意两部分的交集都为空。Arithmetic、Fib - Luc 和 General 这三种数据集各包括 50 000 个训练样本、5 000 个验证样本和 5 000 个测试样本。$a_n$ 的位数最长是 11 位,对于 Arithmetic、Fib - Luc 和 General 这三种序列来说,$a_1$ 至 $a_4$ 可能的组合极多,这样保证了本章用到的样本数量只占所有可能组合中的极小的一部分。Geometric 数据集包括 10 000 个训练样本、1 000 个验证样本和 1 000 个测试样本,这是由于 Geometric 序列中 $a_n$ 的长度随维度升高变化较大,与 Arithmetic、Fib - Luc 和 General 这三种序列相比,$a_1$ 至 $a_4$ 可能的组合大大减少,为了保证用到的样本数量仍然只占所有可能组合中的极小的一部分,因此减少了所使用的样本数量。为了进一步测试模型在不同维度的 Fashion - Sequence 预测任务上的表现,生成了维度 $n = 5$ 和 $n = 6$ 的 Fashion - Sequence 数据集,生成过程此处不再累述。

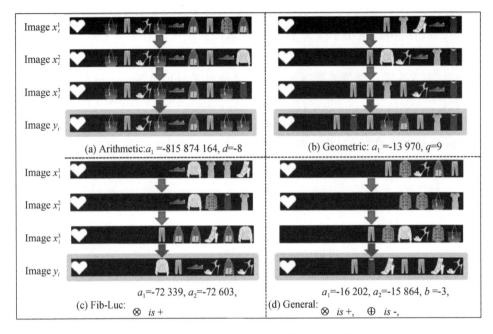

图 4.4　Fashion – Sequence 数据集的一些样例

# 第三节　自适应加权网络

在完成 Fashion – Sequence 任务时,推理过程中所用到的图像个数随序列内嵌逻辑规则的不同而不同,也就是对于不同的逻辑规则来说序列中各图像对最终预测结果的贡献是不同的,因此同等对待各图像可能不利于模型预测性能的提升。

人类在观察对象时,对对象上的所有区域并不是一视同仁的,而是会忽略非目标区域、重点关注目标区域,这种注意力机制使得人类可以更加快速有效的提取关键信息。Bahdanau 等首次将注意力机制引入到双向 Bi – RNN 中,实验证明这种机制可以有效地提升机器翻译任务的精度。目前,注意力机制已经被广泛地应用于各项任务当中。

为了提高序列逻辑任务的效果,受注意力机制启发,本章提出了自适应加权网络。该模型可根据序列的逻辑模式为各图像自适应分配权重,然后再使用预测模块进一步完成序列逻辑任务。自适应加权网络的结构如图 4.5 所示。下面将以序列 $x_i$ 为例详述自适应加权网络的实现过程。

图像输入序列:给定一个图像输入序列 $x_i = \{x_i^1, x_i^2, \cdots, x_i^n\}$,其中,$x_i^j (1 \leqslant j \leqslant n)$ 表示序列 $x_i$ 中的第 $j$ 张图像。首先对 $x_i$ 进行归一化操作,将各个像素除以 255.0 使其归一化到 0 ~ 1 之间。

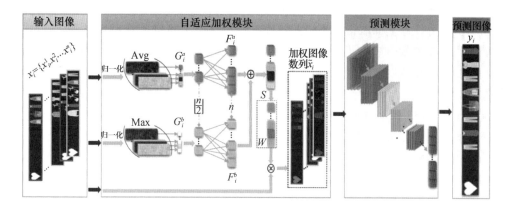

**图 4.5　自适应加权网络的结构**

自适应加权模块:该模块的目的是自适应给序列 $x_i$ 中的各个图像分配权重。注意到在 CBAM 和 SENet 中,注意力机制是通过让模型自动的学习不同区域或不同特征通道的权重再乘以特征图实现的。受此启发,我们对 $x_i$ 分别进行全局平均池化和全局最大池化,得到一维特征 $G_i^a$ 和 $G_i^b$,$G_i^a$ 和 $G_i^b$ 的维度为 $n$。

然后,将特征 $G_i^a$ 和 $G_i^b$ 通过自编码器进行编码,得到特征编码 $F_i^a$ 和 $F_i^b$。该自编码器分为编码器部分和解码器部分,分别由一个全连接操作实现,其中,编码器的输出维度为 $n$ 的一半向下取整,解码器的输出维度为 $n$。

接着,按照公式(4.6)得到自适应加权之后的序列 $\tilde{x}_i$

$$W = S(F_i^a + F_i^b)$$
$$\tilde{x}_i = x_i \times W \tag{4.6}$$

其中,$S$ 表示 Sigmoid 激活函数。$W$ 表示序列 $x_i$ 的权重信息,其是通过网络训练自动优化得到的。使用加融合算子将特征编码 $F_i^a$ 和 $F_i^b$ 进行融合,并采用 Sigmoid 激活函数将融合结果归一化到 $0\sim1$ 之间作为 $x_i$ 的权重信息 $W$。将权重信息 $W$ 与 $x_i$ 相乘得到自适应加权之后的序列 $\tilde{x}_i$。

下面,将自适应加权之后的序列 $\tilde{x}_i$ 输入到预测模块中进行序列的预测。自适应加权模块是一个可插入模块,可与任何成熟的预测模块搭配使用。$\tilde{x}_i$ 使得预测模块更充分利用数据信息,从而提升最终的预测性能。

预测模块:预测模块可采用任何已有的成熟预测模型实现,在本章中选择了四个代表性深度神经网络模型作为预测模块,分别为卷积 - 全连接(CNN - MLP)和卷积 - 长短期记忆(CNN - LSTM)、ResNet 和 DenseNet。在其基础上插入自适应加权模块,以验证自适应加权模块对模型性能提升的有效性。CNN - MLP 和 CNN - LSTM 的超参数设置如表 4.1 所示,其中池化层的池化核大小为 $3\times3$。下面将详述用到的预测模块。

(1)CNN - MLP:卷积模型是十分经典的深度神经网络,它在诸如目标检测、图像识别等任务上都取得了不错的效果。卷积模型主要包括卷积、池化和全连接等操作。在本章中搭建了一个包含两层卷积和一层全连接的卷积模块。为了提取主要特征和减少参数量,每层卷积操作之后都对得到的特征图进行最大池化操作。为了防止出现梯度消失情况,在所有的卷积层和池化层之间增加了数据归一化操作,即批标准化(Batch Normalization)。为了防止过拟合现象的产生,在全连接层增加了 dropout 操作。

(2)CNN - LSTM:受卷积模型和长短期记忆模型启发,搭建了一个 CNN - LSTM 模块,该模块既可以提取空间特征,又可以提取时序特征。首先,将每个输入图像各自输入模块的卷积部分,从而提取输入图像的空间特征。然后,将空间特征拉伸成向量特征并按顺序输入到模块的 LSTM 部分,从而预测下一张图像。

(3)ResNet:自何等提出 ResNet 之后,其已经在很多任务中发挥了很好的效果。残差模块通过跨层连接可以将低层特征直接传到高层使梯度消失问题减轻,从而使得深度网络可以变得更深。目前,根据网络深度的不同,ResNet 可分为 ResNet18、ResNet50、ResNet101 和 ResNet152 等。在本章中使用 ResNet 来完成序列逻辑任务,由于不同深度的 ResNet 取得了类似的结果,本章只展示在模块 ResNet101 上的相关实验结果。

(4)DenseNet:DenseNet 通过采用特征重用和 Bypass 设置,在减轻梯度消失问题的同时减少了网络的参数量。目前,根据网络深度的不同,DenseNet 可分为 DenseNet121、DenseNet169 和 DenseNet201 等。在本章中使用模块 DenseNet121 来完成预测任务。

表4.1　模块的超参数设置

| 模型 | 超参数 |
|---|---|
| CNN - MLP | Conv(64,(3,3)) - > BatchNormalization() - >MaxPooling((2,2)) - > |
| | Conv(128,(3,3)) - > BatchNormalization() - >MaxPooling((2,2)) - > |
| | Dropout(0.5) - > Flatten() - > FC(4096) - > Dropout(0.5) |
| CNN - LSTM | Conv(16,(3,3)) - > BatchNormalization() - >MaxPooling((2,2)) - > |
| | Conv(32,(3,3)) - > BatchNormalization() - >MaxPooling((2,2)) - > |
| | Conv(32,(3,3)) - > BatchNormalization() - >MaxPooling((2,2)) - > |
| | Flatten() - > LSTM(256,dropout = 0.5) |

预测图像:将预测模块的输出进行转化,采用全连接操作将输出映射到与 $x_i^j$ 的维度相同的特征空间,将映射后的特征乘以 255 恢复到 0 ~ 255 之间,使用

round( )函数对其进行取整操作,得到最终的预测图像 $y_i$。

# 第四节　有效性研究与分析

## 一、实验设置

在本章中,实验使用 Keras API(版本:2.1.6)实现,操作环境为 Ubuntu 16.04.4、512 GB DDR4 RDIMM、2X 40 – Core Intel(R) Xeon(R) CPU E5 – 2698 v4 @ 2.20GH 和 16GB GPU 内存的 NVIDIA Tesla P100。

对数据进行操作时采用批处理的方式,批处理的大小统一设置为32。在训练过程中选择 ADAM 作为模型的优化器,优化器的学习率大小设置为0.001。训练的最大迭代次数 Epoch 设置为500,为了防止出现过拟合现象,给模型加入了早停机制,当验证集上的损失在连续20个 Epoch 内不再下降时,训练停止。

## 二、实验结果与分析

对于一个样本来说,当模型把输出的每一位都预测对才认为该样本预测正确。在该小节中对自适应加权网络在 Fashion – Sequence 数据集的不同维度上的准确度进行了评估,√表示使用了自适应加权模块,×表示未使用自适应加权模块。具体情况如表4.2所示,加粗表示准确度最高的结果。通过表4.2可以观察到:

(1)总体上看,自适应加权网络比未使用自适应加权模块的网络的性能普遍要高,尤其是在 General 的第5维上,ResNet 的性能从30.32%提升至38.46%。这说明自适应的对输入序列进行权重分配确实有利于模型性能的提升。

(2)在未使用自适应加权模块时,如果模型的性能较高,那么在使用自适应加权模块后,模型的性能也会较高。例如,DenseNet 和 ResNet 的准确度整体上要高于 CNN – MLP 和 CNN – LSTM 的准确度,这说明一个好的预测模型有助于产生好的预测效果。

(3)与其他数据集相比,自适应加权网络在 Arithmetic 上的性能提升很小甚至没有提升,这是由于在未使用自适应加权模块时,各个模型的性能已经在99.34% ~100.00%了,因此性能可提升的空间十分小。同样地,DenseNet 和 ResNet 在 Fib – Luc 上的提升较小也是由于其可提升空间本身就很小。

(4)在有较大提升空间的数据集和模型上,大多数自适应加权网络的性能提升都较为明显。例如,CNN – LSTM 在 Fib – Luc 上的平均性能提升了5.61%。这进一步说明自适应的对输入序列进行权重分配确实有利于模型性能的提升。

(5)与其他数据集相比,自适应加权网络在 Fib – Luc 上的平均准确度提升最高(忽略提升空间小的模型),平均准确度提升达3.28%。这是由于 Fib – Luc 的预测输出只与前两位有关,且不涉及其他复杂变化,自适应加权模块在此类数据集上更容易发挥优势。

表 4.2　自适应加权网络的准确度情况

| 模型 | 自适应加权模块 | Dimension | Arithmetic | Geometric | Fib－Luc | General |
|---|---|---|---|---|---|---|
| CNN－MLP | × | 4 | 99.34% | 39.40% | 78.42% | 8.68% |
| | | 5 | 99.54% | 31.70% | 83.62% | 17.02% |
| | | 6 | 99.44% | 28.80% | 91.06% | 25.58% |
| | √ | 4 | **99.42%** | **40.00%** | **79.28%** | **11.48%** |
| | | 5 | **99.58%** | **32.10%** | **83.70%** | **17.68%** |
| | | 6 | **99.46%** | **29.10%** | **92.96%** | **26.00%** |
| | √、×提升 | 平均 | 0.05% | 0.43% | 0.95% | 1.29% |
| CNN－LSTM | × | 4 | **99.90%** | 24.40% | 46.90% | 1.82% |
| | | 5 | 99.96% | 19.50% | 81.02% | 2.14% |
| | | 6 | 99.94% | 20.00% | 88.42% | 3.54% |
| | √ | 4 | **99.90%** | **24.50%** | **52.14%** | **1.88%** |
| | | 5 | **99.98%** | **21.40%** | **88.24%** | **2.52%** |
| | | 6 | **99.96%** | **21.10%** | **92.80%** | **4.86%** |
| | √、×提升 | 平均 | 0.01% | 1.03% | 5.61% | 0.59% |
| DenseNet | × | 4 | **100.00%** | 90.20% | 99.96% | 9.58% |
| | | 5 | **100.00%** | 70.50% | 99.96% | 37.74% |
| | | 6 | **100.00%** | 54.50% | 99.80% | 51.98% |
| | √ | 4 | **100.00%** | **92.40%** | **99.98%** | **12.26%** |
| | | 5 | **100.00%** | **73.60%** | **99.98%** | **37.92%** |
| | | 6 | **100.00%** | **56.40%** | **99.86%** | **52.24%** |
| | √、×提升 | 平均 | 0.00% | 2.40% | 0.03% | 1.04% |
| ResNet | × | 4 | 99.98% | 93.80% | 100.00% | 12.10% |
| | | 5 | **100.00%** | 72.40% | 99.98% | 30.32% |
| | | 6 | **100.00%** | 65.60% | 98.36% | 51.12% |

**续表 4.2**

| 模型 | 自适应加权模块 | Dimension | Arithmetic | Geometric | Fib – Luc | General |
|------|------|------|------|------|------|------|
| ResNet | √ | 4 | **100.00%** | **95.90%** | **100.00%** | **13.14%** |
| | | 5 | **100.00%** | **75.70%** | **100.00%** | **38.46%** |
| | | 6 | **100.00%** | **66.40%** | **99.88%** | **53.52%** |
| | √、×提升 | 平均 | 0.01% | 2.07% | 0.51% | 3.86% |

接下来将从数据集种类的角度出发分析自适应加权网络的表现,如图 4.6 所示。其中,图 4.6(a)、4.6(b)和 4.6(c)分别为其在 Fashion – Sequence 数据集的第 4、5 和 6 维上的实验结果,图 4.6(d)为其在 Fashion – Sequence 数据集的所有维度上的平均准确度。通过图 4.6 可以观察到:

(1)自适应加权网络在 Arithmetic 上的准确度都接近 100%,在 Geometric 上的准确度约为 20% – 95% 之间,在 Fib – Luc 上的准确度约为 50% – 100% 之间,在 General 上的最高准确度约为 55% 左右。这说明这四个 Fashion – Sequence 数据集的难易程度不同,它们从易到难的排序为:Arithmetic、Fib – Luc、Geometric、General。这也与人类的认知是一致的:加减法要比乘法简单,因此包含乘法运算的 Geometric 和 General 比只包含加减运算的 Arithmetic 和 Fib – Luc 要难。

(2)自适应加权网络在 Arithmetic 上的性能要优于在 Geometric 上的性能。这是由于虽然 Arithmetic 和 Geometric 的逻辑规则都是与一个常数相关,但是 Arithmetic 的预测图像仅其后半部分受公差影响(受影响的具体位置由公差位数决定),因此其相邻两个图像差异性较小,而 Geometric 的预测图像的每个位置都会受公比影响,所以自适应加权网络更容易学习 Arithmetic 的逻辑模式。

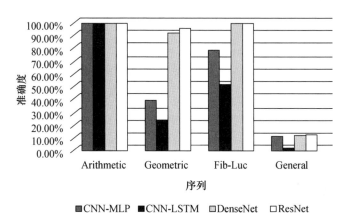

（a）维度为 4

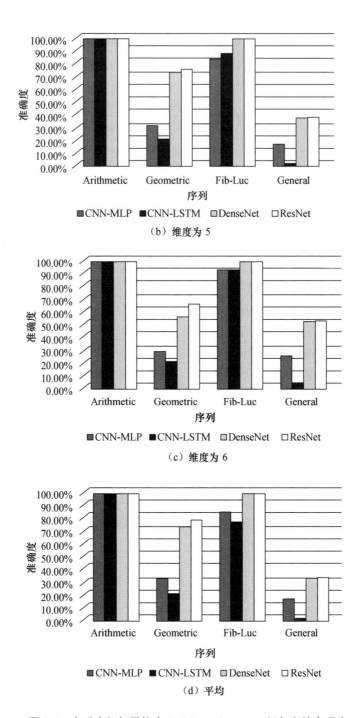

图4.6 自适应加权网络在 Fashion – Sequence 任务上的表现力

（3）自适应加权网络在 Fib – Luc 上的性能介于 Arithmetic 与 Geometric 之间。

这是由于虽然 Fib – Luc 的预测图像的各个位置都会受前两张图像的影响,但是预测图像的某个位置仅会受前面两张图像的同样位置及附近位置的影响,所以Fib – Luc 比 Arithmetic 要难,但是比 Geometric 要容易。

(4)自适应加权网络在 General 上的性能要差于在 Geometric 上的性能。这是由于 General 的预测图像的各个位置受前两张图像和常数 $b$ 的影响,当对常数 $b$ 的操作是乘法时,General 明显要比 Geometric 难。

图 4.7 从维度变化的角度对自适应加权网络进行了分析,图 4.7(a)、4.7(b)、4.7(c)和 4.7(d)分别为自适应加权网络在 Arithmetic、Geometric、Fib – Luc 和 General 上的实验结果。通过图 4.7 可以观察到:

(1)对于 Arithmetic 来说,随着维度的升高,自适应加权网络的表现几乎没有发生改变,仍然达到将近 100% 的准确度,这说明自适应加权网络可以较好地学到 Arithmetic 的逻辑模式。

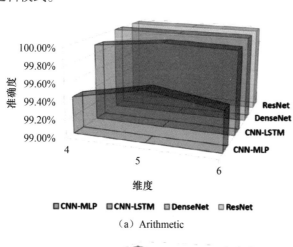

（a）Arithmetic

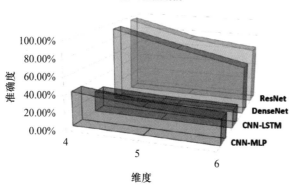

（b）Geometric

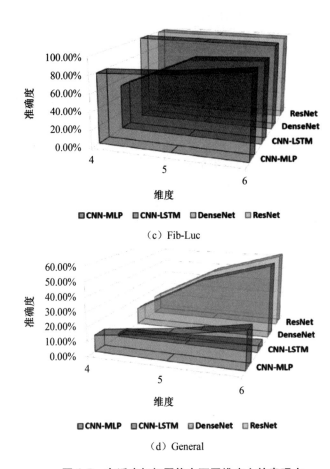

（c）Fib-Luc

（d）General

图 4.7　自适应加权网络在不同维度上的表现力

（2）对于 Geometric 来说，随着维度的升高，自适应加权网络的表现有所下降，这是由于在低维数的时候其本身准确度就不是很高，随着维度升高误差积累，导致准确度越来越低。第 4、5 维之间的准确度之差要比第 5、6 维之间的准确度之差明显大，这是由于信息量随着维度升高也变多，从而抵消了一部分误差积累带来的影响。

（3）对于 Fib－Luc 来说，随着维度的升高，有较大提升空间的自适应加权网络的准确度都有所上升。这是由于乘法运算会提升数据集的难度，Geometric 包含乘法运算，而 Fib－Luc 不包含乘法运算（在图 4.6 中已经分析过），因此随着维度的升高，Fib－Luc 的误差积累远远小于 Geometric 的误差积累。当信息量增多带来的好处大于误差积累带来的影响时，准确度就会有所上升。这也从侧面说明信息量增多确实有利于自适应加权网络完成 Fashion－Sequence 任务。

（4）对于 General 来说，随着维度的升高，自适应加权网络的准确度呈现一种线性增长的趋势。低维度时自适应加权网络准确度高的,随维度升高,其准确度的上升斜率更明显,这进一步说明好的预测模块有利于自适应加权网络完成 Fashion - Sequence 任务。

图 4.8 刻画了自适应加权网络在 Fashion - Sequence 数据集的不同维度上的损失情况。图 4.8(a)到图 4.8(c)为在 Arithmetic 的第 4 到 6 维上的损失情况,图 4.8(d)到图 4.8(f)为在 Geometric 的第 4 到 6 维上的损失情况,图 4.8(g)到图 4.8(i)为在 Fib - Luc 的第 4 到 6 维上的损失情况,图 4.8(j)到图 4.8(l)为在 General 的第 4 到 6 维上的损失情况。通过图 4.8 可以观察到:

(1)当维度是 4 时,自适应加权网络在 Fashion - Sequence 数据集上的损失从小到大的顺序是:Arithmetic、Fib - Luc、Geometric 和 General。这说明当信息量较少时,Arithmetic 是这四个 Fashion - Sequence 数据集中最简单的,而 General 是这四个 Fashion - Sequence 数据集中最难的,这与之前得到的结论是一致的。当维度是 6 时,自适应加权网络在 General 上的损失下降了,而在 Geometric 上的损失反而上升了,这说明信息量的增多确实有利于 General,但对 Geometric 来说,维度升高带来的误差积累的影响更大。

(2)从图 4.8(a)到图 4.8(c)可以看出,随着维度的升高,自适应加权网络的损失很小且几乎不再发生变化,这说明自适应加权网络在 Arithmetic 上比较鲁棒。

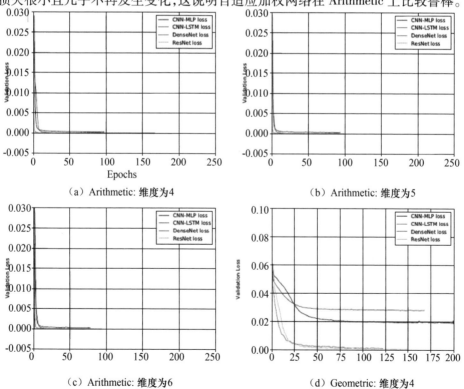

（a）Arithmetic: 维度为4　　　　　　（b）Arithmetic: 维度为5

（c）Arithmetic: 维度为6　　　　　　（d）Geometric: 维度为4

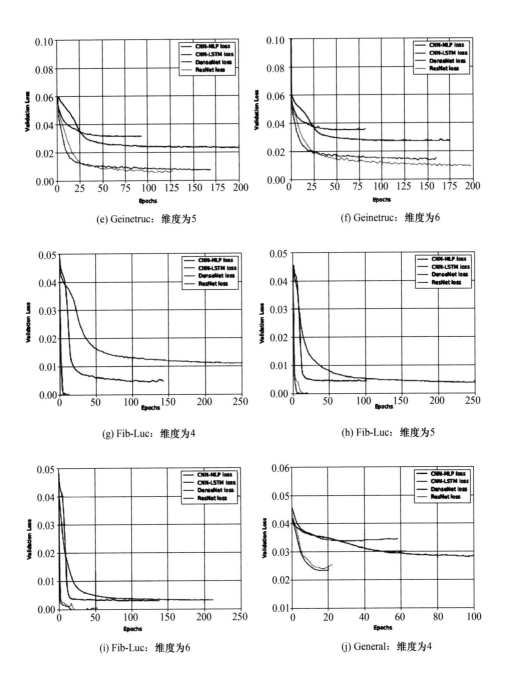

(e) Geinetruc：维度为5

(f) Geinetruc：维度为6

(g) Fib-Luc：维度为4

(h) Fib-Luc：维度为5

(i) Fib-Luc：维度为6

(j) General：维度为4

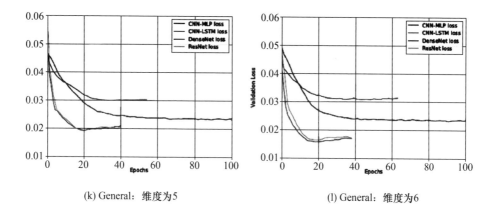

(k) General：维度为5　　　　　　　　(l) General：维度为6

**图4.8　自适应加权网络在 Fashion – Sequence 数据集的不同维度上的损失情况**

（3）从图4.8（d）到图4.8（f）可以看出，随着维度的升高，自适应加权网络的损失有不同程度的升高，这从损失的角度说明在 Geometric 上误差积累带来的影响大于信息量增多带来的好处。DenseNet 和 ResNet 作为预测模块的损失比 CNN – MLP 和 CNN – LSTM 作为预测模块的损失要小，这说明好的预测模块可以提升自适应加权网络的效果。

（4）从图4.8（g）到图4.8（i）可以看出，随着维度的升高，自适应加权网络的损失有不同程度的下降，这说明信息量的增加提高了自适应加权网络在 Fib – Luc 上的表现力。此外，随着维度的升高，自适应加权网络的损失下降速率也变快了。

（5）从图4.8（j）到图4.8（l）可以看出，随着维度的升高，自适应加权网络的损失有明显的下降，这是由于 General 中部分数据集包含乘法操作，部分数据集不包含乘法操作，因此因乘法造成的误差积累比在 Geometric 上因乘法造成的误差积累要小。与 Geometric 相比，自适应加权网络在 General 上信息量的增多带来的好处与误差积累带来的影响之差要大，所以损失也会小一些。

图4.9展示了自适应加权网络在 Fashion – Sequence 数据集的不同维度上的视觉效果，最左边一列是第4维的预测结果，中间一列是第5维的预测结果，最右边一列是第6维的预测结果。有的位置预测完全错误，有的位置预测正确但缺失严重，有的位置预测正确但略微模糊。在实际评测时，前两种预测是错误的，最后一种预测是正确的。从整体上看，自适应加权网络在 Arithmetic 上的预测效果最佳，其次是在 Fib – Luc 上，然后是在 Geometric 上，在 General 上的预测效果是最差的，这与之前的任务难易程度的排序结论是一致的。从图4.9中可以观察得到以下结论：

（1）图4.9（a）是以首项为 246 819 581，公差为 9 的 Arithmetic 数据集为例。在各个维度上，自适应加权网络的预测图像都十分准确且清晰，这说明自适应加权网络可以较好地完成 Arithmetic 序列逻辑任务。

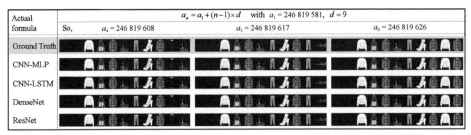

(a) Arithmetic

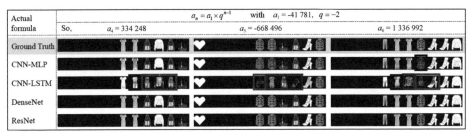

(b) Geometric

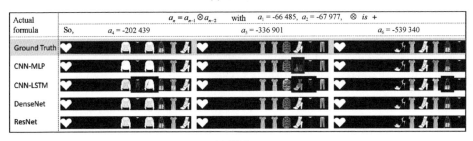

(c) Fib-Luc

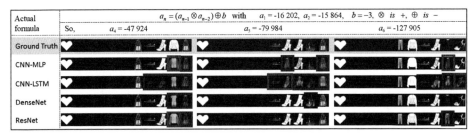

(d) General

**图 4.9　自适应加权网络在 Fashion – Sequence 数据集的不同维度上的视觉效果**

（2）图 4.9（b）是以首项为 – 41 781，公比为 – 2 的 Geometric 为例。大部分自适应加权网络的预测图像都是较为准确的。当预测模块是 CNN – LSTM 时，在低维度时，预测图像中有少部分模糊的位置，随着维度的升高，自适应加权网络的预测能力有了一定程度的下降,预测图像中错误的位置变多了。这是由于 Geometric 涉及乘法运算,预测误差较大,而 CNN – LSTM 又是按顺序处理输入序列的,导致误差进一步被放大,因此预测效果不佳。

(3)图 4.9(c)是以前两项为 – 66 485 和 – 67 977,运算符为" + "的 Fib – Luc 数据集为例。当预测模块是 DenseNet 和 ResNet 时,自适应加权网络的预测图像都是准确的。当预测模块是 CNN – MLP 和 CNN – LSTM 时,随着维度的升高,自适应加权网络的预测图像的准确度和清晰度先轻微下降再上升,这说明对于 Fib-Luc 来说,误差积累会带来负面影响,但随着信息量进一步增多,这种影响可以被大大抵消。

(4)图 4.9(d)是以前两项为 – 16 202 和 – 15 864,前两项的运算符为 +,然后减去常数 – 3 的 General 数据集为例。随着维度的升高,自适应加权网络的准确度和清晰度基本都在不断提高。这进一步说明信息量的增加对 General 的利大于弊。

# 第五节 本 章 小 结

本章聚焦于序列逻辑任务展开了相关研究,获得的主要结论如下:

(1)现有序列预测问题大多以统计模型和动力模型为主,然而人类的认知是有限的,现有方法不足以建模全部与预测相关的模式,因此应设计数据驱动的预测方法。

(2)针对当前序列建模的假设"与当前时刻有关的信息出现在其上下文中,且通常越靠近当前时刻的数据对于预测任务贡献越大"进行了分析,指出了这种假设可能是不合理的,这可能会忽视对预测贡献大但距离当前时刻远的数据。

(3)针对以上分析,本章提出了一种序列逻辑任务 Fashion – Sequence,面向该任务,构建了面向等差、等比、斐波那契、卢卡斯等的视觉序列基准数据集。为解决该任务,本章提出了一种数据驱动的自适应上下文序列权重分配的序列预测方法,即自适应加权学习模型,该方法可以自适应的分配数据的权重。

本章从序列逻辑任务出发,为序列逻辑任务提供了新的建模思路,也为天气预报、路况预测等相关问题的建模提供了可借鉴的手段。

# 第五章  面向跨阶逻辑的粒化逻辑推理学习模型

第三章到第五章系统性地验证了逻辑可学习假设,其中,本章聚焦于跨阶逻辑任务的相关研究。在假设训练集与测试集数据分布一致的前提下,基于学习的方法已经在逻辑学习任务上取得了一定的成功。然而,在很多实际情况下这种假设是不成立的。因此本章研究跨阶逻辑学习任务,在该任务中,训练集和测试集的位数长度和序列长度来自不同分布。为完成该任务,借鉴人类的多粒度认知,本章提出了粒化逻辑推理学习模型将其分而治之。

## 第一节  问题描述

逻辑推理是一项很有价值的工作,已经在医学诊断、群体决策、特征选择、目标识别、多模态分类和其他各领域得到了广泛的应用。一些研究主要关注在不同情况下设计不同的推理模式/规则,如定量推理和贝叶斯推断。这些推理模式通常是由人类预先定义的,一些任务也确实受益于领域专家提供/定义的推理模式/规则。例如,Ivan 等提出了将神经网络与一阶模糊逻辑相结合的逻辑张量网络以提高语义图像解释性能。Tran 等提出了一种将符号表示和定量推理相结合的深度逻辑网络,证明了逻辑规则的使用有利于网络性能的提高。但是,推理模式的定义十分的耗时和费力。此外,并不是所有的任务都可以预先定义推理规则,在一些复杂的系统中,比如一些尚未破译的玛雅系统中,我们可能事先不知道任何推理规则,也无法定义它们。

为了解决这些问题,研究者提出了数据驱动的逻辑学习方法,使机器能够自动挖掘逻辑模式。在遵循传统机器学习范式的基础上(训练集分布与测试集分布一致),一些工作在逻辑推理任务上取得了不错的性能。传统方法将感知和认知子任务分开处理,而 Hoshen 等采用深度神经网络以一种端到端的方式解决了算术运算视觉学习任务。为了解决复杂的逻辑任务,郭等提出了一种分治模型,该模型根据子任务的组合难度低于原任务的难度的原则将原始困难逻辑任务分解为 $k$ 个子任务。在文献[40,41]中,数据集的嵌入符号可能相对简单,因此我们将数字符号替换为来自 Fashion – MNIST 中的图像并提出了新的基准逻辑数据集,即 Fashion – Logic 数据集。基于所提出的数据集,我们表明在文献[40]中使用的逻辑推理机(Logic Reasoning Machine,LRM)在一些由复杂符号组成的逻辑系统上仍然效果很好。但现有的 LRM 是基于训练集和测试集分布一致的假设进行训练的。

尽管逻辑学习已经取得了一些成功,但是,一旦传统机器学习范式得不到满足时,这些方法在挖掘逻辑模式时可能会失败。事实上,开放式任务在实际生活中更为常见。为了进一步测试 LRM 的性能,本章打破了传统机器学习范式,首次提出了一个增强版的 Fashion – Logic 数据集,称为 Open – set Fashion – Logic 数据集。在这个数据集中,测试集的位数长度和序列长度与训练集的位数长度和序列长度完全不同。不幸的是,LRM 的性能在提出的跨阶逻辑任务上急剧下降。而对于逻辑推理任务来说,在跨阶逻辑任务上提高推理能力更有意义,因为这更有利于测试这些模型的泛化能力和真实推理能力。人类非常擅长处理开放式任务,那么机器能否利用人类解决问题的思想来处理跨阶逻辑任务呢?

一般认为,将整个任务分解为多个部分分别求解,再将各个部分的结果整合起来得到原始任务结果的能力在人类推理过程中起着至关重要的作用。在现有的人工智能技术中,由 Zadeh 和 Lin 引入的粒计算能够通过三个基本过程很好地模拟人类的这种能力:将整体分解为部分的信息粒化,部分整合为整体的信息组织以及涉及原因和效果之间关联的因果关系。在 1998 年,Yager 和 Filev 指出,人类可以利用分离整体所获得的信息粒度来实现其观察、测量、概念化和推理。到目前为止,粒计算已经在人工智能、信息处理、数据挖掘和知识发现等方面取得了巨大的成功。这表明,将整体分解为部分的策略在处理复杂任务时确实有效。

在本章中,逻辑学习中一个更为深入的研究——从分布不一致的数据中学习逻辑——将利用分解策略完成。受粒计算中的多粒度工作的启发,开发了一种用于挖掘逻辑模式的粒化逻辑推理网络,即 GLRM。具体来说,该方法将训练集中样本的位数长度和序列长度作为最小分解单元,根据最小分解单元,将跨阶逻辑任务分解为一系列子任务,然后分别求解每个子任务,最后将这些子任务的解组织成最终的答案。

基于上述分析,本章主要有以下贡献:

(1)提出了一种解决跨阶逻辑任务的粒化逻辑推理网络(Granulation Logic Reasoning Machine,GLRM)。具体来说,该方法将跨阶逻辑任务从位数长度和序列长度两个维度粒化为一系列子任务,然后利用性能好的 LRM 对这些子任务进行求解,最后将这些子任务的结果组织整合得到最终的结果。大量的实验证明了该方法在推理方面的优越性。

(2)提出了 Open – set Fashion – Logic 数据集和 Open – set Fashion – Logic 任务来测试 GLRM 的有效性。与传统的机器学习范式不同,Open – set Fashion – Logic 数据集的训练集的位数长度和序列长度较短,而测试集的位数长度和序列长度很长。Open－set Fashion－Logic 数据集是一个非常具有挑战性的跨阶逻辑数据集。

（3）深入评估了 LRM 在大规模 Fashion－Logic 测试集和简化版的 Open－set Fashion－Logic 数据集上的推理能力。LRM 在整数空间中覆盖更多样本（大规模 Fashion－Logic）的测试集上具有良好的性能。然而，在简单的跨阶逻辑任务中，LRM 的表现变得很差。这说明 LRM 具有一定的推理能力，但是在跨阶逻辑任务上的推理能力较差。

# 第二节　逻辑学习方法

## 一、数据分布一致情况下的逻辑学习方法

一般情况下，研究者将视觉逻辑推理任务分为感知和认知两个子任务，然后分别对这两个子任务进行学习。与之前的工作不同，Hoshen 等探索了机器是否可以端到端从图像中学习算术运算的问题。按照传统机器学习范式，他们生成了 3 种算术运算（加法、减法和乘法）数据集，也就是说，这些数据集的训练集分布与相应的测试集分布是一致的。每个样本有两张输入图像和一张输出图像，每张图像嵌入了一个 7 位的数字。给定测试输入图像，其目标是预测输入图像进行十进制运算之后的输出图像。该方法以端到端的学习方式代替了分别处理子任务的学习方式，并在算术运算的视觉学习上取得了良好的效果。

在一些复杂系统中，如未破译的玛雅系统中，人类事先不知道任何推理规则。因此，我们提出了一种基于学习的方法，该方法从由复杂符号构成的视觉数据中直接挖掘逻辑模式。按照传统机器学习范式，我们生成了名为 Fashion－Logic 的逻辑关系数据集（详细描述见第三节第一部分），也就是说，数据集的训练集分布与相应的测试集分布是一致的。Fashion－Logic 数据集中嵌入了两种逻辑关系：布尔逻辑（Bitwise And 和 Bitwise Or）和算术逻辑（Addition 和 Subtraction）。每个样本有两张输入图像和一张输出图像，每张图像嵌入了来自 Fashion－MNIST 数据集的一系列图形符号。在实验中，被测试机器不知道图像中嵌入的图形符号的含义，也不知道输入和输出图像之间的逻辑关系。给定测试输入图像，其目标是预测输入图像进行布尔运算（或算术运算）之后的输出图像。我们进行了深入的探索和分析，展示了从由复杂符号组成的可视化数据中直接挖掘逻辑模式的可行性。

在训练集分布与测试集分布一致的前提下，这些方法探索并证明了逻辑模式是可以直接从可视化数据中学习的。

## 二、数据分布不一致情况下的逻辑学习方法

与人类解决问题的过程不同，在目前的大多数机器学习系统中，感知和推理

模块是不能同时学习的。注意到这一现象,周等人提出了将感知和推理统一为一个学习框架的反译学习,并通过生成数字二进制加法(DBA)和随机二进制加法(RBA)验证了反译学习框架的有效性。在这两个数据集中,每个样本都是一个嵌入了等式的图像。嵌入在训练集的是位数短的二进制加法逻辑等式,嵌入在测试集的是位数长的二进制加法逻辑等式。这意味着在 DBA 和 RBA 中,训练集和测试集的分布不一致,这一点与传统机器学习范式是不同的。反译学习的目标是判断嵌入在给定图像中的等式是否正确。值得注意的是,反译学习框架可以在短位等式上学习之后去预测长位等式是否正确。

在训练集与测试集分布不一致的前提下,周等人探索了机器可以直接判断图像中嵌入的等式方程是否正确的任务。

总的来说,第二节第一部分和第二部分已经对逻辑学习进行了一些有意义的探索和分析,尤其是针对数据分布一致的情况,但对数据分布不一致情况的研究相对较少也较为简单。然而,数据分布不一致现象广泛存在于现实世界中,跨阶逻辑学习问题是人工智能领域亟待解决的问题之一。因此,我们的工作继续针对跨阶逻辑学习进行了相对深刻的研究,并给出了有效的解决方案。

# 第三节　逻辑推理机在 Fashion – Logic 任务上的推理能力

## 一、Fashion – Logic 数据集

Fashion – Logic 数据集是由一些特殊的符号和逻辑关系构成的。具体来说,其包括四种逻辑关系:Bitwise And、Bitwise Or、Addition 和 Subtraction,这些逻辑关系常被如文献[154]和文献[155]等相关的逻辑研究使用。在 Fashion – Logic 数据集中嵌入的特殊符号来自于 Fashion – MNIST 数据集的样本。在这里将描述 Fashion – Logic 数据集的构建过程。首先生成逻辑运算等式,然后用从 Fashion – MNIST 的每个类中随机挑选出来的图形符号替换等式中的相应数字符号(值得注意的是,数字 $0, 1, \cdots, 9$ 仅被图 5.1 中框出的图像所取代)。图 5.2 中展示了 Fashion – MNIST 数据集的一些例子。其中,嵌入在 5.2(a)、5.2(b)、5.2(c)和 5.2(d)中的逻辑关系分别是 $10000000000101$ & $00101000001101 = 00000000000101$, $11111110001010$ | $11111101011010 = 11111111011010$, $3\,607\,801 + 467\,410 = 4\,075\,211$ 和 $3\,719\,023 - 1\,437\,638 = 2\,281\,385$。对于 Bitwise And 和 Bitwise Or 逻辑关系来说,一张图像中最多嵌入一个 14 位数字。对于 Addition 和 Subtraction 逻辑关系来说,一张图像中最多嵌入一个 7 位数字。每种逻辑关系由 50 000 个训练样本、5 000 个验证样本和 5 000 个测试样本组成。这确保了用于训练的数字的比

例只占所有可能组合中的很小一部分。测试集与训练集、验证集的交集都为空。

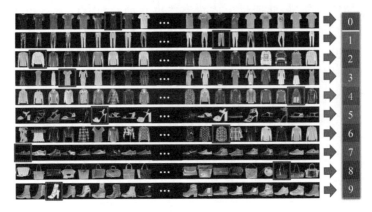

图 5.1　Fashion – MNIST 数据集的一些示例

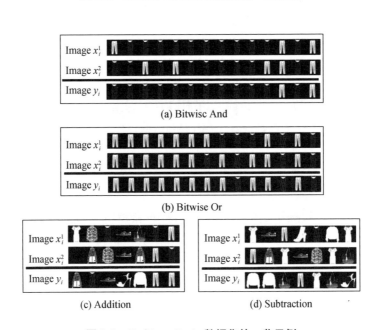

图 5.2　Fashion – Logic 数据集的一些示例

## 二、Fashion – Logic 任务

基于 Fashion – Logic 数据集,本章提出了视觉逻辑推理任务 Fashion – Logic,在该任务中机器可以直接挖掘和推理两个输入图像和一个输出图像之间的关系。机器事先不知道嵌入在图像中的图形符号的含义和图像之间的逻辑关系。该任务的定义如下。

**定义 5.1**(Fashion – Logic 任务):在 Fashion – Logic 任务中,给定一个数据集

$D = \{(x_i, y_i)\}_{i=1}^{N}$,其中 $x_i$ 是输入图像,$y_i$ 是输出图像,图像中的每个像素点被归一化到 $0 \sim 1$ 之间。在本章中,$N = 2$。该任务需要挖掘一个从输入空间 $I = \{x_i\}_{i=1}^{N}$ 到输出空间 $O = \{y_i\}_{i=1}^{N}$ 之间的映射 LRM,即 $\text{LRM}: I \mapsto O$。当给定两张未见过的输入图像 $x^{(1)}$ 和 $x^{(2)}$,LRM 能够输出两者之间的逻辑模式 $y$,即 $y = \text{LRM}(x^{(1)}, x^{(2)})$。

Fashion – Logic 任务的工作流程如图 5.3 所示,其中 $I$ 是输入图像,$O$ 是真实图像,$\hat{O}$ 是由 $f(\text{LRM}_W(x_i^1, x_i^2))$ 推理出的结果。LRM 是一个逻辑推理机,其可以使用不同的学习模型来实现。因此,Fashion – Logic 任务可以用来测试不同学习模式的逻辑推理能力。一些 LRM(如 CNN – LSTM、MLP、CNN – MLP、Autoencoder 和 ResNet)的逻辑推理能力已经在该任务上进行了测试。

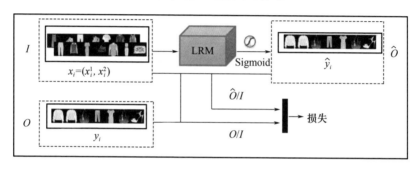

**图 5.3　Fashion – Logic 任务的一般流程**

更进一步来说,本章将该任务转换为一个使用均方误差(Mean Square Error,MSE)损失函数的回归问题。可以将其写成如下的优化问题

$$
\begin{aligned}
W^* &= \arg\min_{W} \text{MSE}(f(\text{LPN}_W(I)), O) \\
&= \arg\min_{W} \frac{1}{N} \sum_{i=1}^{N} \text{MSE}(f(\text{LPN}_W(x_i^{(1)}, x_i^{(2)})), y_i) \\
&= \arg\min_{W} \frac{1}{N} \sum_{i=1}^{N} \sqrt{\sum_{k=1}^{K} (f(\text{LPN}_W(x_i^{(1)}, x_i^{(2)}))_k, y_{ik})^2} \quad (5.1)
\end{aligned}
$$

其中激活函数 $f$ 是一个 sigmoid 激活函数,LRM 是一个由 $W$ 参数化的逻辑推理机。公式(5.1)对参数 $W$ 是可微的,可以使用梯度下降法有效地进行求解。

### 三、逻辑推理机

逻辑推理机可以是任何深度神经网络,如图 5.3 所示。为了不失一般性,本章随机选取一些代表性深度神经网络如 CNN – LSTM、MLP、CNN – MLP、Autoencoder 和 ResNet 来作为本章中的逻辑推理机 Logic Reasoning Machines,LRM。所有的 LRM 都以两张图像作为输入,一张图像作为输出。LRM 的结构如图 5.4 所示,下面将详细描述 LRM 的网络架构。

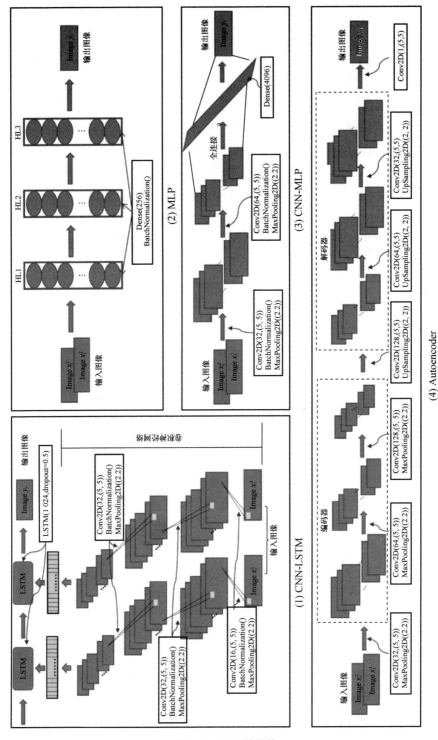

图 5.4　LRM 的结构

（1）CNN – LSTM：CNN – LSTM 是基于 LSTM 模块设计的。首先将图像依次并独立地输入到一个 3 层 CNN 中,该 CNN 的每一个卷积层后面都有一个归一化层和一个最大池化层,然后将得到的结果序列输入到带有 dropout 的 LSTM 中处理,当 LSTM 隐层神经元数设置为 1 024、dropout = 0.5 时,CNN – LSTM 的效果最好。最后将 LSTM 的最终隐层状态输入到一个全连接层和一个 sigmoid 激活函数中得到一张输出图像。

（2）MLP：本章使用文献[41]中的网络模型作为 MLP( Multi – Layer Percep-tron)。该模型由三个隐层组成,其中每个隐层具有 256 个节点,每个隐层后面都有一个 ReLU 激活函数和一个批归一化层。将最后一个隐层的输出输入到一个全连接层和一个 sigmoid 激活函数中得到一张输出图像。在 MLP 中,相邻层之间全部采用全连接的方式。

（3）CNN – MLP：CNN – MLP 由一个 2 层 CNN 和一个 2 层全连接层顺序连接组成,该 CNN 的每一个卷积层后面都有一个 ReLU 激活函数、一个批归一化层和一个最大池化层,对于 CNN 来说,输入图像可以看作一组离散的灰度输入特征图。然后将 CNN 的输出输入到一个 2 层全连接层中得到一张输出图像,其中第一层全连接层后面接一个 ReLU 激活函数,第二层全连接层后面接一个 sigmoid 激活函数。

（4）Autoencoder：Autoencoder 是依照文献[104]中的思想实现的。在该模型中,分别使用一个 3 层 CNN 作为编码器网络和解码器网络。对于编码器来说,每个卷积层之后接一个 ReLU 激活函数和一个最大池化层。对于解码器来说,每个卷积层之后接一个 ReLU 激活函数和一个上采样层。然后将解码器的输出输入到一个卷积层和一个 sigmoid 激活函数中得到一张输出图像。

（5）ResNet：采用文献[87]中描述的 ResNet 18、ResNet 50 和 ResNet 152 作为本章中使用的 ResNet。为了满足 Fashion – Logic 数据集的要求,将 ResNet 最后一层的 softmax 激活函数改为 sigmoid 激活函数。

## 四、实验设置

在实验中,这些 LRM 使用 Keras API( 版本:2.1.6)实现,操作环境为 Ubuntu 16.04.4、512 GB DDR4 RDIMM、2X 40 – Core Intel( R) Xeon( R) CPU E5 – 2698 v4 @ 2.20GH 和 16GB GPU 内存的 NVIDIA Tesla P100。通过优化 MSE 来训练模型,批处理大小设置为 64。为了获得良好的泛化性能,采用早停机制来选择模型的超参数,当模型在验证集上的正确率没有继续提高时,就停止训练。

## 五、实验结果与分析

本小节旨在分析 LRM 在 Fashion – Logic 数据集上的逻辑推理能力。每个

Fashion－Logic 数据集由 50 000 个训练样本、5 000 个验证样本和 5 000 个测试样本组成,测试样本不包括在训练样本或验证样本中。对于每张预测图像,当且仅当所有的嵌入图形符号都正确时它才是正确的。实验结果如表 5.1 所示,通过表5.1 可以观察到:

(1)对于所有的逻辑关系来说,所有 LRM 的性能都远远优于随机猜想的性能,这表明基于数据驱动的逻辑挖掘是可行的。

(2)所有 LRM 在 Bitwise And 和 Bitwise Or 上的性能都优于在 Addition 和 Subtraction 上的性能。这与人类的感知是一致的:按位逻辑比算术逻辑更容易。

(3)在 Addition 和 Subtraction 逻辑关系上,CNN－LSTM 的性能低于其他方法的性能。这是由于 CNN－LSTM 的结构导致的,CNN－LSTM 是按序列顺序处理输入图像的。因此,CNN－LSTM 在学习推理过程中未能考虑全局结构信息。而加法的进位运算(减法的借位运算)需要通过输入图像之间的交互才能得到正确的结果。因此,其他 LRM 更适合用于 Addition 和 Subtraction。相关分析和观察表明,整体结构信息在逻辑推理学习任务中起着重要作用。更多更具体的分析见第二章。

根据表 5.1 可知 LRM 在按照传统机器学习工作流程工作时具有一定的逻辑推理能力。

表 5.1　LRM 在 Fashion－Logic 任务上的性能

| LRM | 逻辑关系 | | | |
| --- | --- | --- | --- | --- |
| | Bitwise And | Bitwise Or | Addition | Subtraction |
| Random conjecture | $\dfrac{1}{2^{14}}$ | $\dfrac{1}{2^{14}}$ | $\dfrac{1}{10^{7}}$ | $\dfrac{1}{10^{7}}$ |
| CNN－LSTM | 100% | 100% | 56.12% | 52.10% |
| MLP | 100% | 100% | 98.66% | 98.68% |
| CNN－MLP | 100% | 100% | 99.84% | 99.72% |
| Autoencoder | 100% | 100% | 97.48% | 97.36% |
| ResNet18 | 100% | 100% | 99.98% | 99.96% |
| ResNet50 | 100% | 100% | 100% | 100% |
| ResNet152 | 100% | 100% | 100% | 100% |

# 第四节　逻辑推理机是否适用于大规模数据和跨阶逻辑任务

在现有的工作中,测试集往往只涵盖了整数空间中的很小一部分区域,也就是测试集中的样本数量在全部样本数量中的占比非常小。因此,本章进一步评估了 LRM 在涵盖整数空间中更多样本的大规模 Fashion – Logic 数据集上的性能。图 5.5 中用框标出了 Fashion – Logic 测试集与大规模 Fashion – Logic 测试集的区别。

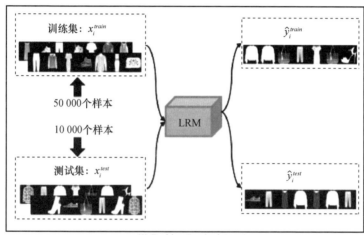

(1) Fashion-Logic data set

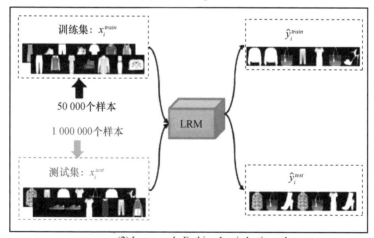

(2) Large-scale Fashion-Logic lesting sel

**图 5.5**　Fashion – Logic 测试集与大规模 Fashion – Logic 测试集之间的区别

　　此外,在现有的工作中,测试集与训练集的位数长度和序列长度往往一致。因此,本章进一步评估了 LRM 在两个简单的跨阶逻辑任务上的性能,这两个简单的跨阶逻辑任务的测试集与训练集的位数长度不同。任务1,在主要位数长度为6和7的训练集上训练,然后在位数长度为 1～5 的测试集上测试。任务2,在位数长度为 1～5 的训练集上训练,然后在位数长度为 6～10 的测试集上测试。以加法逻辑为例,Fashion－Logic 任务、任务1与任务2之间的差异用红色方框标注,如图5.6 所示。

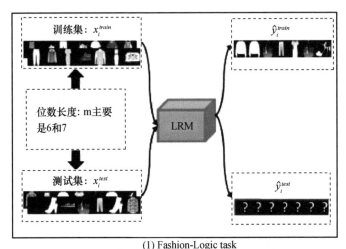

(1) Fashion-Logic task

(2) Task 1

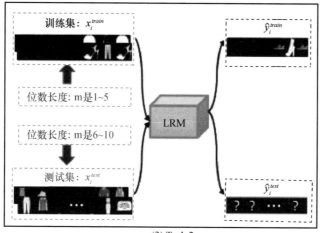

(3) Task 2

**图5.6**　Fashion – Logic **任务、任务1和任务2之间的区别**

## 一、大规模 Fashion – Logic 测试集上的性能分析

本小节旨在分析 LRM 在大规模 Fashion – Logic 测试集上的性能。具体来说，按照 Fashion – Logic 数据集的生成方法，本章在每个逻辑关系上生成 100 万个不重复的测试样本（大规模 Fashion – Logic 测试集），新测试集的规模是 Fashion – Logic 训练集（50 000）规模的 20 倍，实验结果如表 5.2 所示。从表 5.2 中可知除了 CNN – LSTM 以外，所有 LRM 的精度均高于 97.00%，这说明这些 LRM 在非常小的训练集上（训练集在所有可能性中只占很小的百分比）训练之后，依然能够很好地对未见过的数据中进行预测。

**表5.2　大规模 Fashion – Logic 测试集上的性能**

| LRM | 逻辑关系 | | | |
| --- | --- | --- | --- | --- |
| | Bitwise And | Bitwise Or | Addition | Subtraction |
| Random conjecture | $\dfrac{1}{2^{14}}$ | $\dfrac{1}{2^{14}}$ | $\dfrac{1}{10^{7}}$ | $\dfrac{1}{10^{7}}$ |
| CNN – LSTM | 100% | 100% | 54.79% | 52.23% |
| MLP | 100% | 100% | 98.43% | 98.35% |
| CNN – MLP | 100% | 100% | 99.81% | 99.73% |
| Autoencoder | 100% | 100% | 97.46% | 97.35% |
| ResNet18 | 100% | 100% | 99.98% | 99.97% |
| ResNet50 | 100% | 100% | 99.98% | 100% |
| ResNet152 | 100% | 100% | 100% | 100% |

图 5.7 展示了大规模测试集上的视觉效果。基于图 5.7 可以观察到:

(2)图 5.7(b)和图 5.7(d)分别展示了在 Addition 和 Subtraction 数据集上无进位或借位、只有一个进位或借位和连续进位或借位的视觉效果。从图 5.7(b)中的左侧、中间两个例子,可以观察到大多数 LRM 可以区分是否进位。例如,在图 5.7(b)左侧中的 5 + 4 = 9,因此前面的数字不需要进位(2 + 1 = 3)。然而,在图 5.7(b)中间的 5 + 6 = 11,因此前面的数字需要进位(2 + 1 + 1 = 4)。

(3)从预测错误的图像中可以看出,预测错误的图像可以分为两类:一类是预测的图形符号是正确的,但预测的图形符号的缺失较大;二是预测的图形符号是完全错误的。此外,一些图形符号的预测是正确的但有一点模糊。

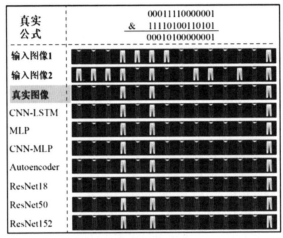

(a) Bitwise And

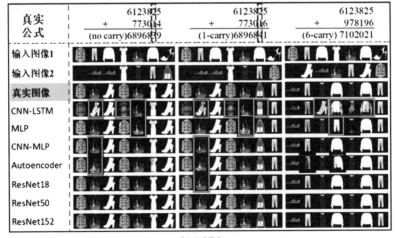

(b) Addition

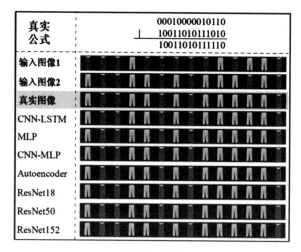

(c) Bitwise Or

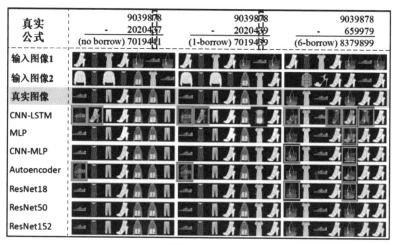

(d) Subtraction

**图 5.7　大规模 Fashion – Logic 测试集上的视觉效果**

表 5.2 和图 5.7 的实验结果进一步证明了 LRM 善于对未见过的与训练集数据分布保持一致的大规模 Fashion – Logic 测试集进行逻辑推理,即 LRM 在传统机器范式下具有很好的泛化性。

## 二、两个简化跨阶逻辑任务上的性能分析

本小节旨在测试 LRM 在任务 1 和任务 2 上的性能。针对该研究目的,分别生成了任务 1 和任务 2 所需的两种简化版 Open – set Fashion – Logic 数据集。为了方便起见,将使用 $m$ 来表示每个图像中嵌入的图形符号的位数。接下来,详细描述任务 1 和任务 2。

任务1:为了完成任务1,生成了一个简化版的 Open – set Fashion – Logic 数据集,该数据集的训练集位数长度主要为6和7,测试集位数长度为1~5。事实上,这个简化版的 Open – Set Fashion – Logic 的训练集与 Fashion – Logic 数据集的训练集的数据分布是一致的,因此直接将 Fashion – Logic 的训练集作为这个简化版的 Open – Set Fashion – Logic 的训练集。其性能见表5.3和图5.8。

表5.3 任务1上的测试准确度

| 逻辑关系 | $m$ | CNN – LSTM | MLP | CNN – MLP | Autoencoder | ResNet18 | ResNet50 | ResNet152 |
|---|---|---|---|---|---|---|---|---|
| Addition | 1 | 0% | 0% | 0% | 100% | 100% | 100% | 100% |
| | 2 | 6.86% | 0% | 0% | 100% | 100% | 100% | 100% |
| | 3 | 27.44% | 0.11% | 7.78% | 99.89% | 100% | 100% | 100% |
| | 4 | 52.96% | 72.79% | 83.67% | 98.93% | 100% | 100% | 100% |
| | 5 | 54.04% | 95.46% | 97.55% | 98.64% | 100% | 100% | 100% |
| Subtraction | 1 | 60.00% | 0% | 100% | 100% | 100% | 100% | 100% |
| | 2 | 15.56% | 2.22% | 71.11% | 100% | 100% | 100% | 100% |
| | 3 | 60.00% | 58.44% | 87.56% | 99.56% | 100% | 100% | 100% |
| | 4 | 59.60% | 82.90% | 96.00% | 99.70% | 100% | 100% | 100% |
| | 5 | 57.03% | 97.14% | 98.09% | 98.83% | 99.97% | 100% | 100% |

表5.3 的结果表明 Autoencoder 和 ResNet 在该任务上具有良好的性能。而且,$m$ 越大,大多数 LRM 的表现越好。例如,在 Addition 上,当 $m = 1,2$ 时,MLP 和 CNN – MLP 的准确度为0,当 $m = 5$ 时,它们的准确度升至95.46%和97.55%。这些结果表明:(1)一些 LRM 的性能可能会受到测试集数据分布与训练集数据分布差异较大的影响。(2)在该情况下,一些 LRM 确实仍具有较好的泛化性,一些视觉效果如图5.8所示。

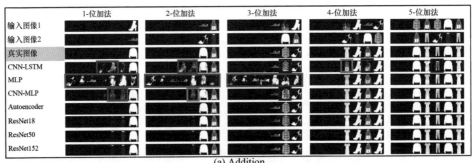

(a) Addition

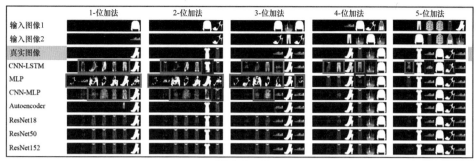

(b) Subtraction

图 5.8 任务 1 上的视觉效果

任务 1 上所用数据集数据分布情况分析如图 5.9 所示。图 5.9(a)和图 5.9(b)的前两行表明,由于采用了相同的采样策略,就位数长度而言,训练集和测

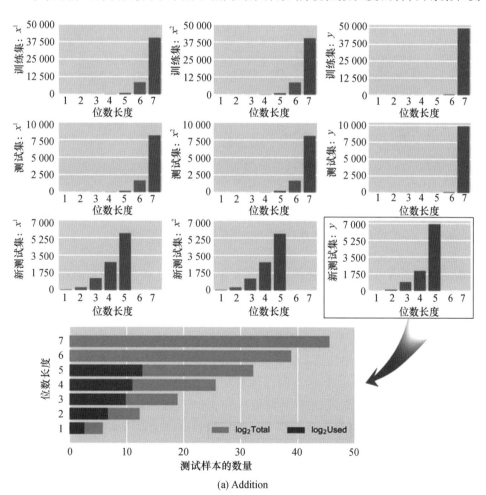

(a) Addition

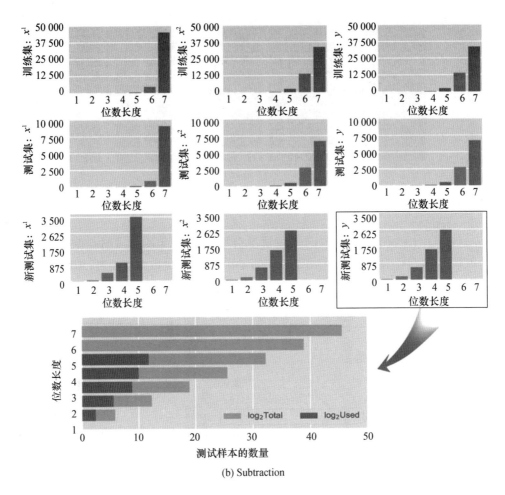

(b) Subtraction

**图 5.9　任务 1 上所用数据集数据分布情况分析**

试集的样本具有一致的数据分布(主要是 6 位和 7 位)。在这种数据分布下,所有
LRM 都取得了不错的性能(在第四节第一部分中已经分析过)。由于直接将 Fash-
ion – Logic 的训练集作为该简化版 Open – set Fashion – Logic 的训练集,因此在任
务 1 中,图 5.9(a)和图 5.9(b)的第一行和第三行分别表示的是简化版 Open – set
Fashion – Logic 的训练集和测试集的数据分布。显然,在位数长度方面,该简化版
Open – set Fashion – Logic 数据集的训练集和测试集的数据分布是不一致的。此
外,对于各个位数长度来说,采样比例是基本一致的,也就是说任务 1 中使用的各
个位数长度的测试样本数量取对数与各个位数长度的全部可能样本数量取对数
之比$\left(\frac{\log(\text{Used})}{\log(\text{Total})}\right)$基本是一致的,如图 5.9(a)和图 5.9(b)中的最后一行所示。在
视觉效果图中,有些预测正确但模糊,有些预测正确但因缺失较大造成识别系统

无法识别,有些预测错误。

任务2:在任务2上,使用位数长度为1~5的样本来训练LRM,使用位数长度为6~10的样本来评估LRM的性能。因此生成了另一个简化版的 Open – Set Fashion – Logic 数据集,其包括位数长度为1~5的训练集和位数长度为6~10的测试集。表5.4的结果表明在这种情况下,除了 Autoencoder 之外,所有 LRM 都失效了。这说明这些 LRM 在这类学习短位逻辑预测长位逻辑的任务中存在一定的局限性,而人类十分擅长这类任务。

**表5.4　任务2上的测试准确度**

| 逻辑关系 | $m$ | CNN – LSTM | MLP | CNN – MLP | Autoencoder | ResNet18 | ResNet50 | ResNet152 |
|---|---|---|---|---|---|---|---|---|
| Addition | 6 | 0% | 0% | 0% | 98.3% | 0% | 0% | 0% |
| | 7 | 0% | 0% | 0% | 97.2% | 0% | 0% | 0% |
| | 8 | 0% | 0% | 0% | 96.8% | 0% | 0% | 0% |
| | 9 | 0% | 0% | 0% | 95.0% | 0% | 0% | 0% |
| | 10 | 0% | 0% | 0% | 94.5% | 0% | 0% | 0% |
| Subtraction | 6 | 0% | 12.3% | 11.8% | 98.2% | 22.9% | 26.5% | 26.2% |
| | 7 | 0% | 1.7% | 1.5% | 97.2% | 2.6% | 3.0% | 2.9% |
| | 8 | 0% | 0% | 0.1% | 97.2% | 0.2% | 0.3% | 0.3% |
| | 9 | 0% | 0.1% | 0.1% | 96.5% | 0.1% | 0.1% | 0.1% |
| | 10 | 0% | 0% | 0% | 95.1% | 0% | 0% | 0% |

基于以上分析可知,当训练集的分布与测试集的分布一致时,这些 LRM 具有非常好的性能。这种学习方式符合传统机器学习范式。很显然,任务1和任务2超越了传统机器学习范式。当处理跨阶逻辑任务时,这些 LRM 的推理能力会下降甚至丧失。然而,这种能力被普遍认为是人类智力在推理方面的基本特征。接下来,本章将处理这个问题。

# 第五节　粒化逻辑推理网络

跨阶逻辑任务的挑战在于测试样本的位数长度和序列长度往往与训练样本的位数长度和序列长度不同。例如,在被教授 $1+1=2$ 和 $2+5=7$ 后,人类如何计算 $1+1+5$ 的结果呢? 首先,人类会先计算 $1+1=2$,然后计算 $2+5=7$。换句话说,人类通常将跨阶逻辑推理任务分解成几个已知的子任务,然后用被教授的逻辑规则逐一求解,从而得到最终的结果。

为了使机器像人类一样处理跨阶逻辑任务,受模拟人类学习能力的粒计算的启发,本章提出了粒化逻辑推理网络(Granulation Logic Reasoning Machine, GLRM)。GLRM 能够在不进行进一步训练的情况下挖掘跨阶逻辑测试集的逻辑模式。所提出的 GLRM 的概述如图 5.10 所示。与粒计算相似,GLRM 也包括三个步骤:粒化、推理和组织。为了便于描述下面的内容,将在表 5.5 中给出一些符号的含义。

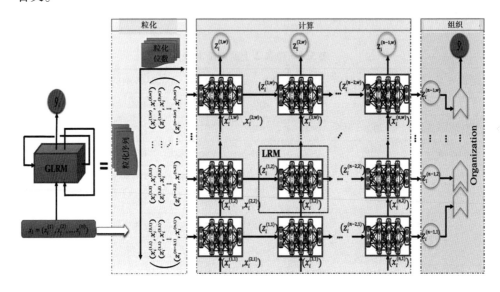

**图 5.10  GLRM 的概述**

**表 5.5  符号含义**

| 符号 | 解释 |
| --- | --- |
| $x_i$ | 跨阶逻辑数据集中第 $i$ 个图像序列样本 |
| $n$ | 序列长度,即每个序列包含的图像的数量 |
| $m$ | 位数长度,即每张图像中包含的图形符号的数量 |
| $k$ | 函数 Win 的滑动窗口大小 |
| $s$ | 函数 Win 的滑动步长 |
| $x_i^{(j)}$ | 图像序列 $x_i$ 中的第 $j$ 张图像 |
| $z_i^{(j)}$ | 图像 $x_i^{(1)}$ 到 $x_i^{(j+1)}$ 之间的逻辑关系 |
| $x_i^{(j,l)}$ | $x_i^j$ 的一个子序列,包括 $x_i^{(j)}$ 中下标从 $(l-1)s+1$ 到 $(l-1)s+k$ 的全部图形符号 |
| $z_i^{(j,l)}$ | $z_i^j$ 的一个子序列,包括 $z_i^{(j)}$ 中下标从 $(l-1)s+1$ 到 $(l-1)s+k$ 的全部图形符号 |

**粒化步骤:**给定一个图像序列样本 $x_i = (x_i^{(1)}, x_i^{(2)}, \cdots, x_i^{(n)})$,其中 $n$ 表示 $x_i$ 的

序列长度，$x_i^{(j)}$ 表示 $x_i$ 的第 $j$ 张图像，$x_i^{(j)}$ 的位数长度表示为 $m$，即 $x_i^{(j)}$ 包括 $m$ 个图形符号。显然，当测试集的 $n$ 或 $m$ 大于训练集的 $n$ 或 $m$ 时，LRM 将会失效。为了解决这个问题，受粒计算中的多粒度工作启发，将 $x_i$ 从位数长度和序列长度两个维度进行粒化，粒化为一系列简单的子图。

具体来说，$x_i$ 首先通过以下方式从序列长度的维度进行粒化

$$G_s(x_i) = \{(x_i^{(1)}, x_i^{(2)}), (z_i^{(1)}, x_i^{(3)}), \cdots, (z_i^{(n-2)}, x_i^{(n)})\} \tag{5.2}$$

其中 $z_i^{(j)}$ 表示由 $x_i$ 中前 $j+1$ 张图像组成的子序列 $x_i^{(1:j+1)}$ 中的所有图像间的逻辑关系。其可进一步表示为第 $j+1$ 张图像 $x_i^{(j+1)}$ 与 $z_i^{(j-1)}$ 之间的逻辑关系。沿着这种方式，可以按照下面的递归方式使用一个训练好的 LRM 得到它

$$z_i^j = \begin{cases} \text{LRM}(x_i^{(1)}, x_i^{(2)}), & j = 1 \\ \text{LRM}(z_i^{(j-1)}, x_i^{(j+1)}), & 1 < j \le n-1 \end{cases} \tag{5.3}$$

其中 LRM 是一个逻辑推理机，它可以是训练好的代表性深度神经网络，如 CNN - LSTM、MLP、CNN - MLP、Autoencoder 和 ResNet。在由序列维生成的粒度级别上，当训练样本的位数长度大于或等于测试样本的位数长度时，即 $m_{\text{train}} \ge m_{\text{test}}$，具有较好推理性能的 LRM 能够推理出 $z_i^{(j-1)}$ 与 $x_i^{(j+1)}$ 之间的逻辑关系。但是，由于位数维的复杂性，即使具有 100% 准确度的 LRM 也不能推理出 $m_{\text{train}} < m_{\text{test}}$ 时 $z_i^{(j-1)}$ 与 $x_i^{(j+1)}$ 之间的逻辑关系。

接下来，将 $G_s(x_i)$ 中的任意元素 $(z_i^{(j-1)}, x_i^{(j+1)}) \in G_s(x_i)$（当 $j=1$ 时，$z_i^{(j-1=0)} = x_i^{(1)}$）表示为 $c_i^{(j)}$，通过下面的滑动窗口函数可以从位数长度的维度进一步粒化

$$G_d(c_i^{(j)}) = \text{Win}(c_i^{(j)}; k, s) = \text{Win}((z_i^{(j-1)}, x_i^{(j+1)}); k, s) \tag{5.4}$$

其中函数 $\text{Win}(c_i^{(j)}; k, s)$ 表示使用两个滑动窗口大小为 $k$、滑动步长为 $s$ 的一维滑动窗口来对 $z_i^{(j-1)} \in c_i^{(j)}$ 和 $x_i^{(j+1)} \in c_i^{(j)}$ 进行粒化操作。当组织两个信息粒时，参数 $s$ 控制两个信息粒的通信信息量。当 $1 \le s < k$ 时，两者之间的信息可以进行通信。当 $s \ge k$ 时，两者之间的信息无法交流。通过这个粒化函数，$c_i^{(j)}$ 可以被粒化为 $\left\lceil \dfrac{m-k}{s} \right\rceil + 1$ 个部分，$\lceil \rceil$ 为向上取最大整。这样，$G_d(c_i^{(j)})$ 可表示为

$$G_d(c_i^{(j)}) = \begin{cases} \{(x_i^{(1,l)}, x_i^{(2,l)})\}_{l=1}^{\lceil \frac{m-k}{s} \rceil + 1}, & j = 1 \\ \{(z_i^{(j-1,l)}, x_i^{(j+1,l)})\}_{l=1}^{\lceil \frac{m-k}{s} \rceil + 1}, & 1 < j \le n-1 \end{cases} \tag{5.5}$$

其中 $z_i^{(j-1,l)}$ 表示 $(x_i^{(1,l)}, x_i^{(2,l)}, \cdots, x_i^{(j-1,l)})$ 的输出 $z_i^{(j-2,l)}$ 与一张新输入图像 $x_i^{(j,l)}$ 之间的逻辑关系，它可以通过以下方式进行推理

$$z_i^{(j-1,l)} = \text{LRM}(z_i^{(j-2,l)}, x_i^{(j,l)}), 1 \le l \le \left\lceil \frac{m-k}{s} \right\rceil + 1 \tag{5.6}$$

在粒度级别上，LRM 可以推理出 $z_i^{(j-1,l)}$ 和 $x_i^{(j+1)}$ 之间的逻辑关系。

经过以上步骤，得到了如下比 $G_s(x_i)$ 更细粒度的结果 $G_{s,d}(x_i)$

$$G_{s,d}(x_i) = G_d(G_s(x_i)) = \{G_d(c_i^{(1)}); G_d(c_i^{(2)}); \cdots; G_d(c_i^{(j)})\}$$

$$= \begin{pmatrix} (x_i^{(1,1)}, x_i^{(2,1)}) & (z_i^{(1,1)}, x_i^{(3,1)}) & \cdots & (z_i^{(n-2,1)}, x_i^{(n,1)}) \\ (x_i^{(1,2)}, x_i^{(2,2)}) & (z_i^{(1,2)}, x_i^{(3,2)}) & \cdots & (z_i^{(n-2,2)}, x_i^{(n,2)}) \\ \vdots & \vdots & \ddots & \vdots \\ (x_i^{(1,w)}, x_i^{(2,w)}) & (z_i^{(1,w)}, x_i^{(3,w)}) & \cdots & (z_i^{(n-2,w)}, x_i^{(n,w)}) \end{pmatrix} \tag{5.7}$$

其中 $w = \left\lceil \dfrac{m-k}{s} \right\rceil + 1$。$G_{s,d}(x_i)$ 被称为一个粒结构,其中任意元素 $(\cdot, \cdot)$(称为一个信息粒)是一对图像,每张图像包含 $k$ 个图形符号。

**推理步骤:** 这一步的目的是推理 $G_{s,d}(x_i)$ 中图像对 $(\cdot, \cdot)$ 之间的隐藏逻辑。经过粒化步骤后,复杂的输入 $x_i$ 被分解为简单的粒度子图,LRM 可以从这些粒度子图中推理出逻辑关系(实验结果如第四节第一部分所示)。

**组织步骤:** 这步的目的是组织粒化子图 $\{z_i^{(n-1,l)} = \mathrm{LRM}(z_i^{(n-2,l)}, x_i^{(n,l)})\}_{l=1}^w$ 形成表示序列 $x_i$ 中所有图像之间的预测逻辑关系的 $\hat{y}$。为此,首先需要引入一种进化计算中使用的基于交叉变异操作的融合函数来组合两张粒化子图。具体来说,给定两张粒化子图,记为 $a = a_{q_1} \cdots a_2 a_1$ 和 $b = b_{q_2} \cdots b_2 b_1$。其中 $q_1$ 和 $q_2$ 是它们各自所包含的图形符号的数量。首先,需要为 $a$ 和 $b$ 选择交叉点,其由两个参数 $s$ 和 $t$ 决定。根据这两个参数可知它们的交叉点分别为 $q_1 + s - t$ 和 $q_2 - t + 1$,$a$ 和 $b$ 的融合是通过合并 $a$ 的右段(表示为 $a_{q_1+s-t} \cdots a_2 a_1$)和 $b$ 的左段(表示为 $b_{q_2} b_{q_2-1} \cdots b_{q_2-t+1}$)来实现的。形式上该函数的定义如下

$$F(a,b;s,t) = b_{q_2} b_{q_2-1} \cdots b_{q_2-t+1} a_{q_1+s-t} \cdots a_2 a_1 \tag{5.8}$$

其中 $s$ 是一个常数,被设置为与 $\mathrm{Win}(c_i^{(j)}; k, s)$ 的步长参数 $s$ 相同的值。$t$ 是 $b$ 的左段所包含的图形符号的数量。

使用公式(5.8),可以按照下面的递归方式逐个组织 $\{z_i^{(n-1,l)}\}_{l=1}^w$ 中的所有粒化子图

$$\hat{y}_i^l = \begin{cases} z_i^{(n-1,1)}, & l = 1 \\ F(y_i^{(l-1)}, z_i^{(n-1,l)}; s, t), & 1 < l \leq \left\lceil \dfrac{m-k}{s} \right\rceil + 1 \end{cases} \tag{5.9}$$

其中 $z_i^{(n-1,l)} = LRM(z_i^{(n-2,l)}, x_i^{(n,l)})$。

使用公式(5.9),当 $l = \left\lceil \dfrac{m-k}{s} \right\rceil + 1$ 时,得到了最终的组织元素 $\hat{y}_i^{(\lceil \frac{m-k}{s} \rceil + 1)}$,其被视为序列 $x_i$ 中所有图像间的逻辑关系(表示为 $\hat{y}_i$),即 $\hat{y}_i = \hat{y}_i^{(\lceil \frac{m-k}{s} \rceil + 1)}$。

GLRM 的详细过程见表 5.6 算法 5.1。

**表 5.6　算法 5.1 GLRM 的伪代码**

---

输入：$(X_{\text{train}}, Y)$：Open−set Fashion−Logic 训练集；

　　　$X_{\text{test}}$：Open−set Fashion−Logic 测试集；

　　　$\Re$：LRM；

　　　$k$：函数 Win 的滑动窗口大小；

　　　$s$：函数 Win 的滑动步长；

　　　$t$：子图左段包含的图形符号的数量。

输出：$Y^*$：$X_{\text{test}}$ 的推理逻辑。

1：基于 $(X_{\text{train}}, Y)$ 推导出一个逻辑推理函数 LRM：$\Re(X_{\text{train}}, Y) \mapsto LRM$；

2：$Y^* \leftarrow \phi$；3：　**for** 每个 $x_i \in X_{\text{test}}$ **do**

4：　　基于公式 (5.2) 计算 $G_s(x_i)$；

5：　　**for** 每个 $c_i^j \in G_s(x_i)$ **do**

6：　　　　基于公式 (5.4) 使用训练好的 LRM 计算 $G_d(c_i^{(j)})$；

7：　　**end for**

8：　　依照公式 (5.7) 基于 $G_d(c_i^{(j)})$ 形成 $G_{s,d}(x_i)$；

9：　　基于公式 (5.9) 计算 $\hat{y}_i^{(l = \lceil \frac{m-k}{s} \rceil + 1)}$；

10：　　$\hat{y}_i = \hat{y}_i^{(\lceil \frac{m-k}{s} \rceil + 1)}$；

11：　　$Y^* \leftarrow Y^* \cup \{\hat{y}_i\}$；

12：**end for**

13：返回 $Y^*$.

---

# 第六节　粒化逻辑推理网络在跨阶逻辑任务上的有效性研究与分析

在本节中，提出了 Open−set Fashion−Logic 数据集和跨阶逻辑任务 Open−set Fashion−Logic 来验证 GLRM 的有效性。具体来说，与 Fashion−Logic 测试集相比，Open−set Fashion−Logic 测试集包含了三种数据分布不一致的情况：长序列（详见第六节第二部分），长位数（详见第六节第三部分）与长序列长位数（详见第六节第四部分）。Fashion−Logic 测试集、长序列的 Open−set Fashion−Logic 测试集、长位数的 Open−set Fashion−Logic 测试集与长序列长位数的 Open−set Fashion−Logic 测试集的差异，如图 5.11 所示。为了便于阅读，仍然使用 $m$ 和 $n$ 来表示每张图像中嵌入的图形符号的位数长度和样本的序列长度。

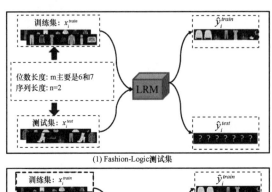

(1) Fashion-Logic测试集

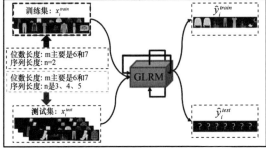

(2) 长序列的Open-set Fashion-Logic测试集

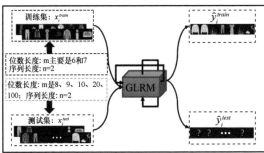

(3) 长位数的Open-set Fashion-Logic测试集

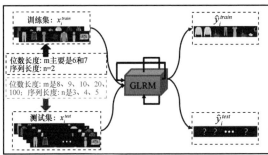

(4) 长序列长位数Open-set Fashion-Logic测试集

图5.11 Fashion－Logic 测试集、长序列 Open－set Fashion－Logic 测试集、长位数 Open－set Fashion－Logic 测试集和长序列长位数 Open－set Fashion－Logic 测试集之间的区别

GLRM 中使用的 LRM 是一种逻辑推理机,它可以是任何深度神经网络。由于直接使用 Fashion-Logic 的训练集作为 Open-set Fashion-Logic 的训练集(详见第六节第一部分),为了不失一般性,本章使用第四节第一部分中训练好的 LRM 作为 GLRM 中使用的 LRM。训练好的 LRM 是在 Open-set Fashion-Logic 的训练集上训练得到的,即对于布尔逻辑来说 $m=14$,对于算术逻辑来说 $m$ 主要是 6 和 7,对于所有训练集来说 $n=2$。在第六节第二部分至第四部分中,GLRM 无需进一步训练,直接在 Open-set Fashion-Logic 测试集上进行测试,在测试过程中将一个图像序列粒化为多个子图,对每个子图中嵌入的逻辑进行推理,并对子图的所有逻辑结果进行组织形成最终的结果。实验结果如表 5.7-5.11 所示,大量的实验结果验证了 GLRM 的有效性。

## 一、Open-set Fashion-Logic 数据集和跨阶逻辑任务

周等人提出了 DBA 和 RBA 数据集并已在有关数据分布不一致的工作上取得了一定的进展,但仍有很多工作需要做。嵌入在 DBA 和 RBA 中的逻辑关系是简单的二进制逻辑,文献[67,68]的任务是判断嵌入在图像中的等式是否正确。因此,需要考虑更复杂的十进制逻辑,并提出直接给出逻辑结果的任务。

为进一步探索跨阶逻辑学习,本章提出了更具挑战性的 Open-set Fashion-Logic 数据集①。在 Open-set Fashion-Logic 数据集中,训练样本的序列长度是 2,位数长度是 14(布尔逻辑)或 6 和 7 为主(算术逻辑)。为验证 GLRM 在序列维上的有效性,测试样本的位数长度与训练样本的位数长度保持一致,测试集的序列长度设置为{3,4,5}。为验证 GLRM 在位数维上的有效性,测试样本的序列长度与训练样本的序列长度保持一致,测试集的位数长度设置为{15, 16, 17, 20, 100}(布尔逻辑)或{8, 9, 10, 20, 100}(算术逻辑)。为验证 GLRM 在序列维和位数维上的有效性,测试集的序列长度设置为{3,4,5},位数长度设置为{15, 16, 17, 20, 100}(布尔逻辑)或{8, 9, 10, 20, 100}(算术逻辑)。实际上,Open-set Fashion-Logic 训练集的数据分布和 Fashion-Logic 训练集的数据分布是一致的,因此,直接将 Fashion-Logic 的训练集作为 Open-set Fashion-Logic 的训练集。图 5.12 给出了 Open-set Fashion-Logic 数据集的一些样本示例,其中第一行表示的是 Bitwise And 逻辑;第二行表示的是 Addition 逻辑。图 5.12(a)中嵌入的图形符号所表示的等式分别为 "00011110000001 ＆ 11110100110101 = 00010100000001" 和 "6 123 825 + 978 196 = 7 102 021"。类似地,图 5.12(b)中嵌入的图形符号所表示的等式分别为一个 Bitwise And 等式和一个 Addition 等式,其结果需要通过一个网络来预测。由于图 5.12(b)只给出了样本的部分示例,因此

---

① https://pan.baidu.com/s/1tiJRjQWMuqu5_1XJOh4MZg? pwd = odh7

不再讨论此处等式所表示的具体值。Open – set Fashion – Logic 数据集与 DBA 和 RBA 数据集明显不同,与它们相比,Open – set Fashion – Logic 数据集具有以下挑战:

(1)DBA 和 RBA 数据集中所嵌入的逻辑是二进制的,而 Open – set Fashion – Logic 数据集中所嵌入的逻辑是更为复杂的十进制逻辑。

(2)DBA 和 RBA 数据集中所嵌入的逻辑只有二进制加法逻辑,而 Open – set Fashion – Logic 数据集中嵌入了四种逻辑,十进制加法逻辑只是其中之一。

(3)Open – set Fashion – Logic 数据集中所嵌入的图形符号的最大位数(100)远远大于 DBA 和 RBA 数据集中所嵌入的图形符号的最大位数(26)。

(4)DBA 和 RBA 数据集中样本的序列长度为 2,而 Open – set Fashion – Logic 数据集中样本的序列长度为 $N(N > 2)$。

(5)对于 DBA 和 RBA 数据集来说,需要判断每个样本中嵌入的等式是否正确;而对于 Open – set Fashion – Logic 数据集来说,则需要给出每个样本中所嵌入的等式的逻辑结果。

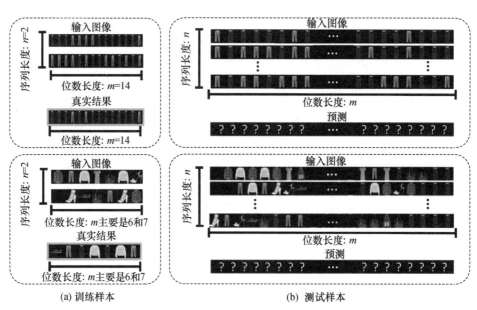

图 5.12　Open – set Fashion – Logic 数据集的示例

此外,本章提出了与传统的 Fashion – Logic 任务区别很大的 Open – set Fashion – Logic 任务。Open – set Fashion – Logic 任务是一种跨阶逻辑任务,其目标是挖掘数据分布不一致情况下隐藏在数据集中的逻辑模式。值得注意的是,机器预先并不知道图像中嵌入的图形符号的含义以及图像之间的逻辑关系。首先,机器挖掘训练集中输入输出图像之间的逻辑模式,然后利用推理方法和得到的逻辑模式对长序列、长位数与长序列长位数的测试集进行分析,经过分析之后,机器预测测试集的逻辑结果从而解决 Open – set Fashion – Logic 任务。对逻辑学习来说,跨阶逻辑任务 Open – set Fashion – Logic 是十分重要且具有挑战性的。

## 二、长序列跨阶逻辑任务上的实验结果与分析

接下来,将探讨 GLRM 在长序列跨阶逻辑任务(长序列 Open – set Fashion – Logic 测试集)上的有效性,即 $n > 2$。在该实验中,测试集的位数长度 $m$ 与训练集的位数长度相同,测试集的序列长度 $n$ 设置为 $\{3, 4, 5\}$。

实验结果如图 5.13 和表 5.7 所示,图 5.13 展示了 GLRM 在长序列 Open – set Fashion – Logic 测试集上的视觉效果,其中有的预测正确但模糊,有的预测正确但因缺失较大造成识别系统无法识别,预测错误,这些已在图中用框标记出来。从表 5.7 和图 5.13 中可以观察到:

表 5.7　长序列 Open – set Fashion – Logic 数据集上的测试准确度

(布尔逻辑的位数长度 $m = 14$,算术逻辑的位数长度 $m$ 主要是 6 和 7)

| 逻辑关系 | $n$ | CNN – LSTM | MLP | CNN – MLP | Autoencoder | ResNet18 | ResNet50 | ResNet152 |
|---|---|---|---|---|---|---|---|---|
| Bitwise And | 3 | 100% | 100% | 100% | 100% | 100% | 100% | 100% |
| | 4 | 100% | 100% | 100% | 100% | 100% | 100% | 100% |
| | 5 | 100% | 100% | 100% | 100% | 100% | 100% | 100% |
| Bitwise Or | 3 | 100% | 100% | 100% | 100% | 100% | 100% | 100% |
| | 4 | 100% | 100% | 100% | 100% | 100% | 100% | 100% |
| | 5 | 100% | 100% | 100% | 100% | 100% | 100% | 100% |
| Addition | 3 | 27.68% | 94.92% | 99.04% | 92.09% | 99.93% | 99.96% | 100% |
| | 4 | 14.31% | 89.73% | 93.23% | 84.24% | 99.94% | 99.96% | 100% |
| | 5 | 8.40% | 84.89% | 79.06% | 74.09% | 99.93% | 99.96% | 100% |
| Subtraction | 3 | 27.24% | 91.30% | 97.90% | 93.59% | 99.91% | 100% | 100% |
| | 4 | 16.16% | 82.65% | 90.01% | 88.71% | 99.84% | 99.99% | 100% |
| | 5 | 10.12% | 72.47% | 67.38% | 84.63% | 99.78% | 99.95% | 99.98% |

(1)在布尔逻辑上,所有的 GLRM 都取得了 100% 的准确度。在算术逻辑上,使用 ResNet 作为 LRM 的 GLRM 取得了非常高的准确度,并能随着序列长度 $n$ 的增加继续保持良好的性能。这说明 GLRM 在与训练集序列长度分布不同的测试集上仍然具有很好的泛化能力。

(2)随着序列长度 $n$ 的增加,使用 CNN – LSTM、MLP、CNN – MLP 和 Autoencoder 作为 LRM 的 GLRM 的准确度有一定程度的下降。例如,在 Subtraction 上,当 $n$ 从 3 增至 5 时,使用 CNN – MLP 作为 LRM 的 GLRM 的准确度下降了 97.90% – 67.38% = 30.52% 。这是由于中间输入 $z_i^{(j)}$ ( 如图 5.13 所示) 含有少量的噪声( 如模糊甚至包含错误的图形符号)。具体来说, $z_i^{(j)}$ 是当前 LRM 的输出,其与真实结果略有不同。与此同时, $z_i^{(j)}$ 又是下一个 LRM 的输入,因此,这种轻微差异会不断累积,最终导致输出与真实结果相比出现较大偏差。

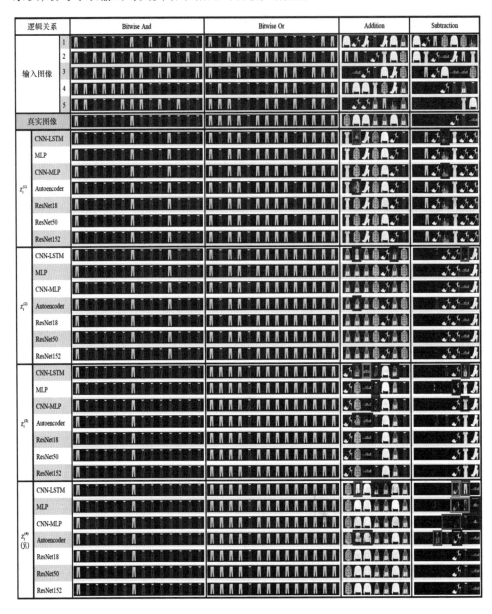

图 5.13   长序列 Open – set Fashion – Logic 测试集的视觉效果

（3）显然，具有较高推理性能的 LRM 更有可能推理出正确且清晰的 $z_i^{(j)}$。这说明 LRM 在 GLRM 中发挥着重要的作用。

基于以上观察结果，可以得出以下结论：使用高性能 LRM 的 GLRM 能够从长序列视觉数据中推理出隐藏的逻辑模式。

当 $n$ 大于 2 时，测试集的分布与训练集的分布非常不同，如图 5.14 所示。例如，Addition 的第 1 行［配置：训练/$n=2$］与 Addition 的第 2~5 行［配置：测试/$n=2$，测试/$n=3$，测试/$n=4$ 和测试/$n=5$］分别表示训练集和测试集的数据分布。对于 $x_i^{(1)}$、$x_i^{(2)}$ 和 $y_i$［配置：训练/$n=2$ 和测试/$n=2$］来说，各个数据分布看起来像一个直角三角形。这说明当序列长度 $n=2$ 时，训练集和测试集的数据分布是一致的。然而，$(x_i^{(1)}+x_i^{(2)})$ 和 $y_i$ 的数据分布［配置：测试/$n=3$］看起来分别像一个正态分布和一个长尾分布。这说明当序列长度 $n=3$ 时，训练集和测试集的数据分布是不一致的。

## 三、长位数跨阶逻辑任务上的实验结果与分析

在本部分，将探讨 GLRM 在长位数跨阶逻辑任务（长位数 Open – set Fashion – Logic 测试集）上的有效性，即 $m>7/14$。在该实验中，测试集的序列长度 $n$ 与训练集的序列长度相同，固定为 2，测试集的位数长度 $m$ 根据所选逻辑的不同设置为 $\{15, 16, 17, 20, 100\}/\{8, 9, 10, 20, 100\}$。

（a）

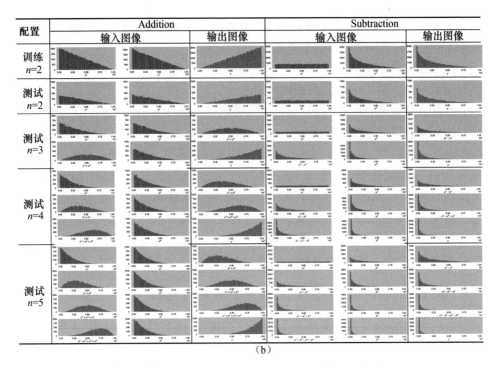

（b）

图 5.14 Open–set Fashion–Logic 数据集的数据分布

（布尔逻辑的位数长度 $m=14$，算术逻辑的位数长度 $m$ 主要是 6 和 7）

实验结果如表 5.8 所示，从表 5.8 中可以观察到：

表 5.8 长位数 Open–set Fashion–Logic 数据集上的测试准确度（$n=2$）

| 逻辑关系 | $m$ | CNN–LSTM | MLP | CNN–MLP | Autoencoder | ResNet18 | ResNet50 | ResNet152 |
|---|---|---|---|---|---|---|---|---|
| Bitwise And | 15 | 100% | 100% | 100% | 100% | 100% | 100% | 100% |
| | 16 | 100% | 100% | 100% | 100% | 100% | 100% | 100% |
| | 17 | 100% | 100% | 100% | 100% | 100% | 100% | 100% |
| | 20 | 100% | 100% | 100% | 100% | 100% | 100% | 100% |
| | 100 | 100% | 100% | 100% | 100% | 100% | 100% | 100% |
| Bitwise Or | 15 | 100% | 100% | 100% | 100% | 100% | 100% | 100% |
| | 16 | 100% | 100% | 100% | 100% | 100% | 100% | 100% |
| | 17 | 100% | 100% | 100% | 100% | 100% | 100% | 100% |
| | 20 | 100% | 100% | 100% | 100% | 100% | 100% | 100% |
| | 100 | 100% | 100% | 100% | 100% | 100% | 100% | 100% |

**续表 5.8**

| 逻辑关系 | $m$ | CNN – LSTM | MLP | CNN – MLP | Autoencoder | ResNet18 | ResNet50 | ResNet152 |
|---|---|---|---|---|---|---|---|---|
| Addition | 8 | 50.00% | 98.70% | 99.80% | 97.10% | 99.90% | 99.90% | 100% |
|  | 9 | 44.70% | 97.70% | 99.80% | 95.60% | 100% | 100% | 100% |
|  | 10 | 36.50% | 97.70% | 99.90% | 95.30% | 100% | 100% | 100% |
|  | 20 | 8.90% | 96.40% | 99.10% | 86.80% | 99.90% | 100% | 100% |
|  | 100 | 0.00% | 79.90% | 91.50% | 51.60% | 99.00% | 99.70% | 100% |
| Subtraction | 8 | 44.40% | 98.00% | 99.70% | 96.80% | 100% | 100% | 100% |
|  | 9 | 41.90% | 96.50% | 99.20% | 96.20% | 99.90% | 100% | 100% |
|  | 10 | 36.50% | 97.20% | 99.00% | 96.20% | 100% | 100% | 100% |
|  | 20 | 10.80% | 90.60% | 97.20% | 89.30% | 99.90% | 99.90% | 99.90% |
|  | 100 | 0.00% | 34.80% | 74.00% | 43.60% | 98.60% | 97.70% | 99.50% |

（1）在按位逻辑上，所有的 GLRM 依然取得了 100% 的准确度。在算术逻辑上，使用 ResNet 作为 LRM 的 GLRM 取得了非常高的准确度，并能随着位数长度 $m$ 的增加继续保持良好的性能。例如，当位数长度 $m$ 增长至 100 时（比训练样本的位数长度长 92），使用 ResNet152 作为 LRM 的 GLRM 在 Addition 和 Subtraction 上分别取得了 100% 和 99.50% 的准确度。这说明 GLRM 在与训练集位数长度分布不同的测试集上仍然具有很好的泛化能力。

（2）随着位数长度 $m$ 的增加，使用 CNN – LSTM、MLP、CNN – MLP 和 Autoencoder 作为 LRM 的 GLRM 的准确度有很大程度的下降。例如，在 Subtraction 逻辑上，当 $m$ 从 8 增至 100 时，使用 MLP 作为 LRM 的 GLRM 的准确度下降了 98.00% − 34.80% = 63.20%，由此可见，长位数确实给逻辑学习任务带来了很大的挑战。挑战在于，当且仅当 $\left\lceil \dfrac{m-k}{s} \right\rceil + 1$ 个子图对（$x_i^{(1,l)}, x_i^{(2,l)}$）之间的逻辑都预测正确时，由 GLRM 推理的隐藏在 $x_i^1$ 和 $x_i^2$ 之间的逻辑才是正确的。

（3）通过观察表 5.2 和表 5.8 可以发现 GLRM 与 LRM 具有一致的性能，即 LRM 具有较高的推理能力，那么使用其 GLRM 也会具有好的推理能力。

基于以上观察，可以进一步证明使用高性能 LRM 的 GLRM 能够有效地从较长的视觉数据中推理出隐藏的逻辑模式。

## 四、长序列长位数跨阶逻辑任务上的实验结果与分析

在本小节，将探讨 GLRM 在长序列长位数跨阶逻辑任务（长序列长位数 Open –

set Fashion – Logic 测试集)上的有效性,即 $n > 2$ 和 $m > 7/14$。在该实验中,当一个参数的值变化时,另一个参数的值是固定的。因此,测试集的序列长度 $n$ 设置为 $\{3, 4, 5\}$,测试集的位数长度 $m$ 设置为 $\{15, 16, 17, 20, 100\}/\{8, 9, 10, 20, 100\}$。表 5.9 报告了 GLRM 在不同参数配置下的详细实验结果。

在布尔逻辑上,由于所有的 GLRM 都取得了 100% 的准确度,因此没有在表 5.9 中展示这些结果。根据表 5.9 中的实验结果,在算术逻辑上可以观察到:

(1) 从表 5.4 可知,尽管将 $n$ 设置为 2、$m$ 设置为 8,但除了 Autoencoder 之外,所有的 LRM 的准确度几乎为 0,而与之相比,GLRM 在更复杂的 Open – set Fashion – Logic 测试集上获得了极具竞争力的泛化性能。例如,当将 $n = 3$、$m = 20$ 时,除了使用 CNN – LSTM 作为 LRM 的 GLRM 之外,所有的 GLRM 都取得了令人印象深刻的表现,其中最低的准确度为 64%,最高的准确度达到了 100%。这些实验结果支持了我们的动机,即通过粒计算技术可以对复杂的可视化逻辑进行分割从而更容易的完成跨阶逻辑任务。

**表 5.9　长序列长位数 Open – set Fashion – Logic 数据集上的测试准确度**

| 逻辑关系 | $n$ | $m$ | CNN – LSTM | MLP | CNN – MLP | Autoencoder | ResNet18 | ResNet50 | ResNet152 |
|---|---|---|---|---|---|---|---|---|---|
| Addition | 3 | 8 | 21.30% | 93.30% | 98.30% | 88.40% | 99.90% | 99.90% | 100% |
| | | 9 | 14.40% | 93.60% | 96.70% | 87.30% | 99.90% | 100% | 100% |
| | | 10 | 12.00% | 93.00% | 96.70% | 84.10% | 99.90% | 100% | 100% |
| | | 20 | 0.80% | 89.20% | 89.70% | 69.60% | 99.70% | 99.80% | 100% |
| | | 100 | 0.00% | 47.70% | 40.00% | 8.90% | 97.40% | 99.00% | 99.90% |
| | 4 | 8 | 8.30% | 89.00% | 78.50% | 80.00% | 99.70% | 99.80% | 99.90% |
| | | 9 | 6.30% | 90.10% | 71.40% | 76.90% | 99.80% | 99.80% | 100% |
| | | 10 | 3.40% | 87.10% | 69.00% | 73.70% | 99.90% | 100% | 100% |
| | | 20 | 0.10% | 78.70% | 34.40% | 48.30% | 99.50% | 99.80% | 100% |
| | | 100 | 0.00% | 25.20% | 0.00% | 1.00% | 95.80% | 98.00% | 99.80% |
| | 5 | 8 | 4.00% | 83.60% | 45.30% | 69.20% | 99.80% | 99.80% | 100% |
| | | 9 | 3.10% | 81.40% | 34.60% | 63.70% | 99.90% | 99.90% | 100% |
| | | 10 | 0.80% | 82.30% | 27.40% | 61.70% | 99.90% | 100% | 100% |
| | | 20 | 0.00% | 68.80% | 3.00% | 29.10% | 99.00% | 99.80% | 100% |
| | | 100 | 0.00% | 12.70% | 0.00% | 0.00% | 93.10% | 98.70% | 99.90% |

**续表 5.9**

| 逻辑关系 | $n$ | $m$ | CNN – LSTM | MLP | CNN – MLP | Autoencoder | ResNet18 | ResNet50 | ResNet152 |
|---|---|---|---|---|---|---|---|---|---|
| Subtraction | 3 | 8 | 17.80% | 88.30% | 95.10% | 91.30% | 99.70% | 100% | 99.90% |
| | | 9 | 16.50% | 84.90% | 95.00% | 92.00% | 100% | 100% | 100% |
| | | 10 | 12.30% | 84.60% | 94.40% | 88.10% | 99.80% | 99.90% | 100% |
| | | 20 | 0.80% | 64.00% | 85.00% | 75.20% | 99.10% | 99.30% | 99.80% |
| | | 100 | 0.00% | 0.20% | 16.50% | 11.90% | 90.90% | 91.70% | 97.50% |
| | 4 | 8 | 11.10% | 78.80% | 71.50% | 87.10% | 99.90% | 99.90% | 100% |
| | | 9 | 7.90% | 71.50% | 65.00% | 83.30% | 99.60% | 99.70% | 99.80% |
| | | 10 | 5.50% | 69.60% | 57.70% | 81.50% | 99.40% | 99.50% | 99.70% |
| Subtraction | 4 | 20 | 0.10% | 38.90% | 25.00% | 59.20% | 97.40% | 98.00% | 99.30% |
| | | 100 | 0.00% | 0.00% | 0.00% | 3.00% | 84.20% | 85.80% | 95.60% |
| | 5 | 8 | 5.00% | 68.30% | 36.10% | 77.10% | 99.10% | 99.50% | 99.70% |
| | | 9 | 2.20% | 60.70% | 22.90% | 76.00% | 99.20% | 99.40% | 99.80% |
| | | 10 | 2.10% | 53.90% | 17.80% | 71.00% | 98.50% | 98.70% | 99.40% |
| | | 20 | 0.00% | 20.70% | 1.20% | 44.90% | 96.20% | 97.30% | 98.70% |
| | | 100 | 0.00% | 0.00% | 0.00% | 0.40% | 75.80% | 81.10% | 93.80% |

（2）随着 $m$ 和 $n$ 大幅增长，大多数 GLRM 的准确度会显著下降，这与我们的直觉是一致的，即当两个参数增长时推理难度确实增加了。当 $n = 5$、$m = 100$ 时（这个条件非常具有挑战性），与 Addition 相比，Substraction 的准确度下降更多。例如，与 $n = 5$、$m = 8$ 时的结果相比，使用 ResNet152 作为 LRM 的 GLRM 在 Substraction 上的准确度下降了 6.10%。这一现象与图 5.13 中所示的视觉效果结果相吻合，当 $n = 5$ 时，与 Addition 相比，GLRM 在 Substraction 上推断出了更多错误图形符号。一个原因是中间输入 $z_i^{j,l}$ 包含少量的噪声（如模糊的图形符号），因为其本身也是前一个 LRM 的输出。因此，将来需要通过在逻辑学习中考虑数据的不确定性从而进一步研究对噪声更为鲁棒的 LRM。

（3）此外，令人印象深刻的是，即使 $n$ 和 $m$ 分别增长到 5 和 100，使用 ResNet152 作为 LRM 的 GLRM 在 Addition 上仍然取得了 99.90% 的准确度。而使用 CNN – LSTM、MLP、CNN – MLP 和 Autoencoder 作为 LRM 的 GLRM 的准确度在 Addition 上分别下降至 0.00%、12.70%、0.00% 和 0.00%。这进一步表明具有高性能的基 LRM 在 GLRM 中起着非常重要的作用。

总的来说，所有 GLRM 都从粒计算技术中受益。接下来，将 GLRM 扩展至加减混合 Open – set Fashion – Logic 任务中,图 5.15 给出了一个 GLRM 在加减混合 Open – set Fashion – Logic 数据集上的视觉效果示例,其中有的预测正确但模糊,有的预测正确但因缺失较大造成识别系统无法识别,有的预测错误,这些已在图中用板标记出来。示例说明了混合逻辑下使用不同 LRM 的 GLRM 的视觉效果。结果表明,使用 ResNet 作为 LRM 的 GLRM 仍然能够推理出隐藏在视觉数据中的正确逻辑模式,其推理出的图形符号非常清晰。这个额外的结果显示了 GLRM 的泛化性和鲁棒性。

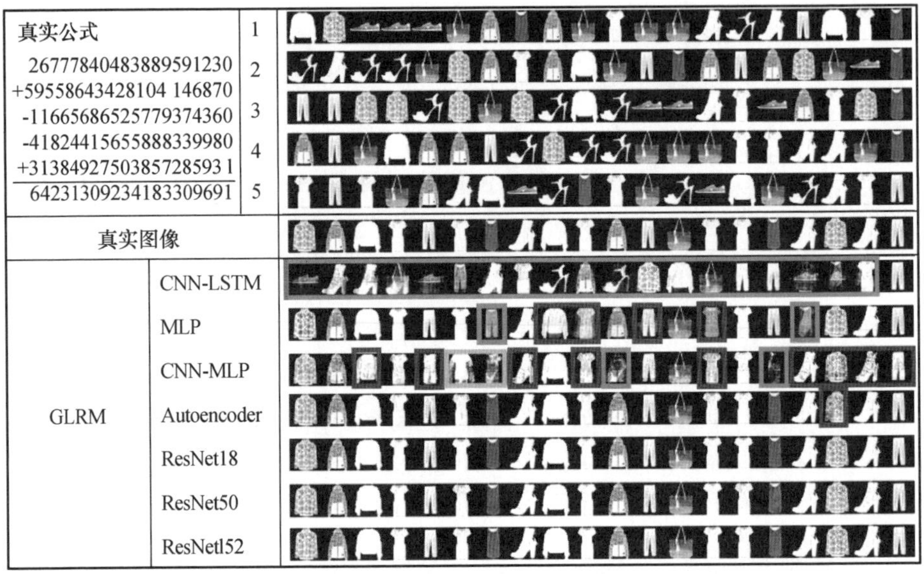

图 5.15 加减混合 Open – set Fashion – Logic 数据集上的视觉效果

## 五、噪声跨阶逻辑任务上的实验结果与分析

在本部分,将探讨 GLRM 在噪声跨阶逻辑任务(噪声 Open – set Fashion – Logic 测试集)上的有效性。由以上分析可知,在 Open – set Fashion – Logic 测试集中,算术逻辑比布尔逻辑更难,序列长度 $n = 5$ 的算术逻辑比序列长度 $n = \{2, 3, 4\}$ 的算术逻辑要难得多。因此,本小节以序列长度 $n = 5$ 的 Addition 和 Subtraction 为例,通过加入不同程度的高斯噪声来进行 GLRM 在噪声数据上的有效性研究。具体来说,分别在位数长度 $m = \{8, 9, 10, 20, 100\}$ 的 Addition 和 Subtraction 逻辑中加入如下形式的高斯噪声($\mu = 0, \sigma = \{10, 20, 30\}$)

$$\tilde{I}(x, y) = I(x, y) + G(\mu, \sigma) \tag{5.10}$$

其中 $I$ 表示原始图像,$I(x, y)$ 表示原始图像中每个像素的值。$G(\mu, \sigma)$ 表示均值为 $\mu$、标准差为 $\sigma$ 的高斯噪声信号,在本章中 $\mu = 0, \sigma = \{10, 20, 30\}$,$\tilde{I}$ 表示噪声图

像，$\tilde{I}(x,y)$ 表示噪声图像中每个像素的值。如果 $\tilde{I}(x,y) \leqslant 0$，那么 $\tilde{I}(x,y) = 0$；如果 $\tilde{I}(x,y) \geqslant 255$，那么 $\tilde{I}(x,y) = 255$。图 5.16 是一个噪声图像的示例。

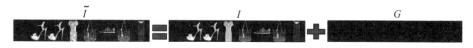

**图 5.16　噪声数据的示例**

GLRM 无须重新训练，直接在噪声数据上进行测试，实验结果如表 5.10 所示。从图 5.9 中可以观察到：

（1）在加入轻微噪声 $G(0,10)$ 后，除去使用 CNN – MLP 作为 LRM 的 GLRM 外，其余 GLRM 的性能几乎没有受到影响或受到的影响很小。当噪声增至 $G(0, 20)$ 时，对于 Addition 来说，使用 ResNet 作为 LRM 的 GLRM 的性能几乎没有受到影响或受到的影响很小；对于 Subtraction 来说，使用 ResNet50 和 ResNet152 作为 LRM 的 GLRM 的性能几乎没有受到影响或受到的影响很小。这说明 GLRM 具有一定的鲁棒性。

**表 5.10　在 Addition 和 Subtraction 噪声数据集上的测试准确度（序列长度 $n=5$）**

| 逻辑关系 | $\sigma$ | $m$ | CNN – LSTM | MLP | CNN – MLP | Autoencoder | ResNet18 | ResNet50 | ResNet152 |
|---|---|---|---|---|---|---|---|---|---|
| Addition | 10 | 8 | 3.30% | 83.20% | 3.60% | 65.80% | 99.70% | 99.80% | 100% |
| | | 9 | 1.90% | 80.60% | 1.50% | 61.20% | 99.80% | 99.90% | 100% |
| | | 10 | 0.70% | 82.60% | 0.60% | 60.10% | 99.90% | 100% | 100% |
| | | 20 | 0.00% | 65.70% | 0.00% | 26.70% | 99.10% | 99.80% | 100% |
| | | 100 | 0.00% | 9.50% | 0.00% | 0.00% | 92.60% | 98.30% | 99.90% |
| | 20 | 8 | 0.90% | 76.90% | 0.00% | 56.60% | 99.70% | 99.70% | 100% |
| | | 9 | 0.20% | 73.50% | 0.00% | 49.30% | 99.90% | 99.80% | 100% |
| | | 10 | 0.10% | 75.70% | 0.00% | 48.10% | 99.90% | 99.80% | 100% |
| | | 20 | 0.00% | 56.10% | 0.00% | 17.40% | 99.00% | 99.30% | 99.90% |
| | | 100 | 0.00% | 3.00% | 0.00% | 0.00% | 91.40% | 96.90% | 99.90% |
| | 30 | 8 | 0.00% | 62.50% | 0.00% | 41.50% | 98.30% | 97.50% | 99.70% |
| | | 9 | 0.00% | 59.30% | 0.00% | 36.00% | 98.50% | 96.70% | 99.30% |
| | | 10 | 0.00% | 61.40% | 0.00% | 30.50% | 98.70% | 95.10% | 99.50% |
| | | 20 | 0.00% | 32.30% | 0.00% | 7.10% | 95.50% | 89.40% | 99.10% |
| | | 100 | 0.00% | 0.40% | 0.00% | 0.00% | 73.20% | 62.50% | 95.40% |

续表 5.10

| 逻辑关系 | $\sigma$ | $m$ | CNN – LSTM | MLP | CNN – MLP | Autoencoder | ResNet18 | ResNet50 | ResNet152 |
|---|---|---|---|---|---|---|---|---|---|
| Subtraction | 10 | 8 | 4.10% | 68.80% | 0.30% | 77.80% | 99.00% | 99.50% | 99.90% |
| | | 9 | 2.40% | 62.50% | 0.10% | 75.80% | 99.20% | 99.50% | 99.90% |
| | | 10 | 1.10% | 54.10% | 0.10% | 70.50% | 98.30% | 98.90% | 99.40% |
| | | 20 | 0.00% | 20.70% | 0.00% | 42.90% | 96.10% | 97.40% | 98.70% |
| | | 100 | 0.00% | 0.00% | 0.00% | 0.00% | 75.70% | 80.50% | 93.20% |
| | 20 | 8 | 1.50% | 60.40% | 0.00% | 74.40% | 96.70% | 99.20% | 99.90% |
| | | 9 | 0.30% | 52.30% | 0.00% | 71.10% | 96.80% | 99.20% | 99.90% |
| | | 10 | 0.30% | 47.00% | 0.00% | 63.70% | 95.90% | 98.30% | 99.30% |
| | | 20 | 0.00% | 15.40% | 0.00% | 34.50% | 92.00% | 96.40% | 98.70% |
| | | 100 | 0.00% | 0.00% | 0.00% | 0.10% | 55.70% | 75.30% | 92.10% |
| | 30 | 8 | 0.00% | 43.00% | 0.00% | 65.00% | 79.40% | 90.10% | 99.10% |
| | | 9 | 0.00% | 38.00% | 0.00% | 63.50% | 76.10% | 88.90% | 98.70% |
| | | 10 | 0.00% | 32.40% | 0.00% | 55.10% | 74.30% | 84.50% | 97.80% |
| | | 20 | 0.00% | 6.60% | 0.00% | 22.50% | 57.40% | 71.60% | 94.80% |
| | | 100 | 0.00% | 0.00% | 0.00% | 0.00% | 3.40% | 17.40% | 76.00% |

(2) 当噪声继续增至 $G(0,30)$ 时,对于 Addition 来说,使用 ResNet152 作为 LRM 的 GLRM 在位数长度等于 100 时准确度仍能高达 95.40% ,其性能受到的影响较小,而对于 Subtraction 来说,全部 GLRM 的性能都会有一定程度的下降。这说明 Subtraction 比 Addition 的难度要大一些,这与之前的观察一致。根据性能随噪声程度的变化趋势可知,当噪声达到较高程度时,全部 GLRM 的性能都会有所下降。

(3) 从 GLRM 的角度来看,使用 ResNet152 作为 LRM 的 GLRM 的性能随着噪声的增强下降较为缓慢,这说明使用 ResNet152 作为 LRM 的 GLRM 的鲁棒性是最强的。使用其他 LRM 的 GLRM 的性能下降较为迅速,尤其是使用 CNN – MLP 作为 LRM 的 GLRM 的性能下降最为严重,在噪声为 $G(0,20)$ 和 $G(0,30)$ 时,其准确度全部为 0.00% 。这进一步表明一个具有高性能的基 LRM 在 GLRM 中是十分重要的。

表 5.11 的结果一方面说明大部分 GLRM 能够容忍一定程度的噪声;另一方面说明,随着噪声的持续增强,GLRM 的性能必然会有所下降。因此我们用噪声为 $G(0,30)$ 的 Subtraction 数据集对 GLRM 进行重新训练,并观察经过重新训练的 GLRM 是否可以应对噪声数据。实验结果如表 5.11 所示。

**表 5.11　重新训练之后的 GLRM 在 Subtraction 噪声数据集上的测试准确度**

**（序列长度 $n=5$）**

| 逻辑关系 | $\sigma$ | $m$ | CNN - LSTM | MLP | CNN - MLP | Autoencoder | ResNet18 | ResNet50 | ResNet152 |
|---|---|---|---|---|---|---|---|---|---|
| Subtraction | 30 | 8 | 11.90% | 68.40% | 90.00% | 73.30% | 99.60% | 99.70% | 100% |
| | | 9 | 6.10% | 59.50% | 87.40% | 71.00% | 99.60% | 99.50% | 99.80% |
| | | 10 | 4.00% | 56.10% | 85.10% | 65.30% | 98.70% | 98.80% | 99.30% |
| | | 20 | 0.00% | 26.60% | 68.20% | 36.60% | 96.80% | 96.80% | 98.70% |
| | | 100 | 0.00% | 0.00% | 1.20% | 0.10% | 81.60% | 80.70% | 93.80% |

从表 5.11 中可以看出，经过重新训练之后，大多数 GLRM 在噪声数据上的性能都堪比在原始数据上的性能甚至超过了在原始数据上的性能。例如，在噪声数据上训练之后，使用 CNN - MLP 作为 LRM 的 GLRM 的准确度从 36.10% 提升至 90.00%（$m=8$），其性能大幅提升。这说明经过重新训练之后，使用 CNN - MLP 作为 LRM 的 GLRM 变得鲁棒了，噪声数据在一定程度上可以提升 GLRM 的鲁棒性。

图 5.17 展示了 GLRM 在原始数据和噪声数据（$\sigma=30$）上的视觉效果，其中预测正确但模糊，有的预测正确但因缺失较大造成识别系统无法识别，有的预测错误，这些在图中已用框标记出来。从图 5.17 可以观察到：

（1）真实输出图像是带有噪声的，而通过 GLRM 得到的预测图像是干净的，这说明 GLRM 的确在学习图像内部隐藏的逻辑关系而没有进行噪声的学习。这证明了 GLRM 确实是有效的逻辑学习方法。

（2）图 5.17(a)展示的是一个连加等式"5 538 780 + 8 038 946 + 4 151 711 + 20 334 198 + 57 246 437 = 95 310 072"，图的左侧和右侧分别是 GLRM 在原始数据和噪声数据上的视觉效果。从图中可知，使用 MLP 和 Resnet 作为 LRM 的 GLRM 对噪声数据较为鲁棒，在噪声数据上的视觉效果与在原始数据上的视觉效果别无二致。使用 Autoencoder 作为 LRM 的 GLRM 略受噪声数据影响，视觉效果有些许下降。而使用 CNN - LSTM 和 CNN - MLP 的 GLRM 受噪声影响较大，视觉效果下降明显。

（3）图 5.17(b)展示的是一个连减等式"97 808 077 - 11 645 637 - 72 655 298 - 3 499 757 - 3 483 402 = 6 523 983"，图的左侧和中间分别是 GLRM 在原始数据和噪声数据上的视觉效果，右侧是重新训练之后的 GLRM 在噪声数据上的视觉效果。从图中可知，全部 GLRM 都受到了噪声数据的影响，有一定程度的视觉效果的下降。当使用噪声数据对 GLRM 重新训练之后，GLRM 在噪声数据上的视觉效果优于在原始数据上的视觉效果。这进一步从视觉效果上说明经过重新训练之后的 GLRM 变得可以处理噪声数据了,而噪声数据又反过来加强了 GLRM 的鲁棒性。

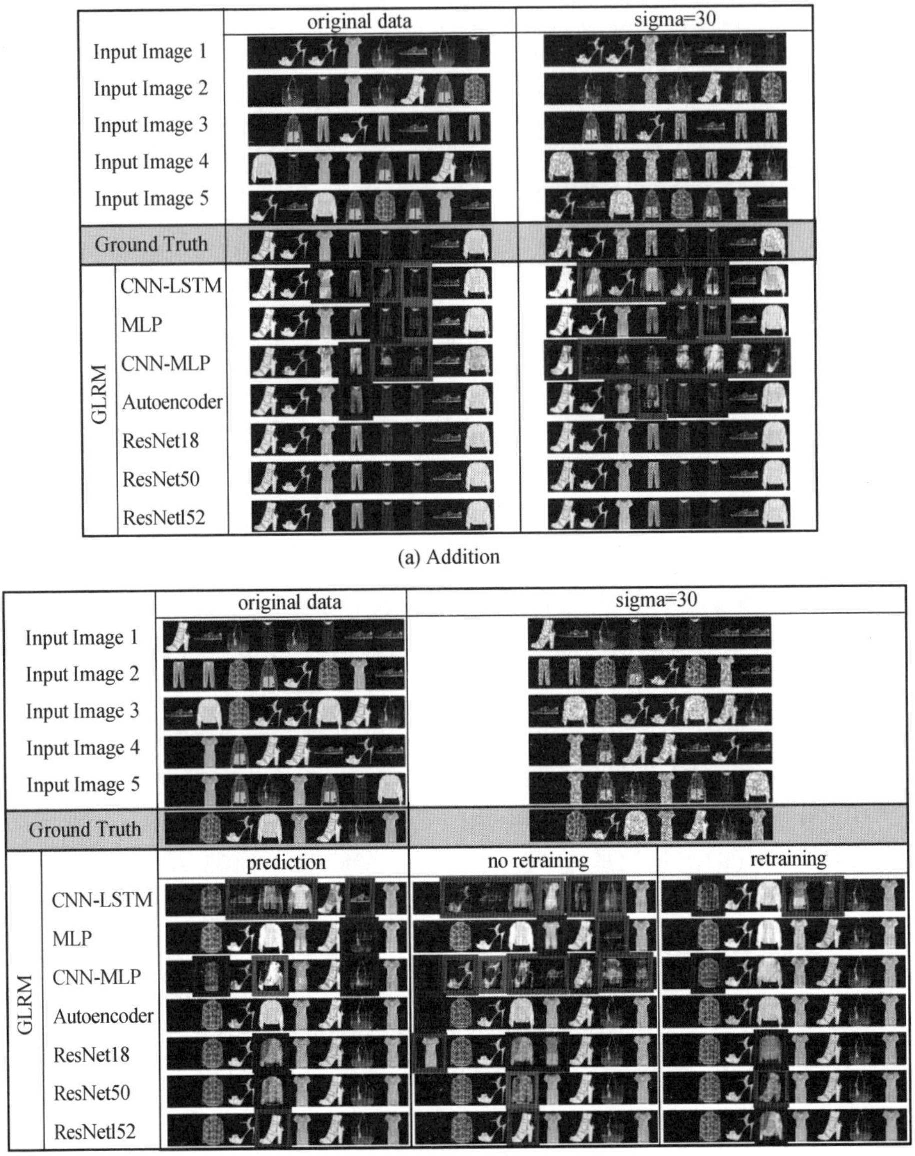

(a) Addition

(b) Subtraction

图 5.17 原始数据和噪声数据(σ=30)上的视觉效果

总的来说,GLRM 不仅在无噪声数据上表现良好,也可以应对轻微程度的噪声数据,在经过重新训练之后,GLRM 在较高程度的噪声数据上依然表现良好,甚至优于在原始数据上的表现。这些结果清晰地验证了多粒度策略对跨阶逻辑任务的有效性。

# 第七节 本 章 小 结

本章聚焦于跨阶逻辑任务展开了相关研究,获得的主要结论如下:

(1)在传统机器学习范式下,代表性深度学习网络(本章称其为逻辑推理机,即 LRM)能够很好地完成逻辑模式挖掘任务。为进一步测试这些 LRM 的泛化性,本章生成了大规模的 Fashion – Logic 数据集和简化版的数据分布不一致的Open – set Fashion – Logic 数据集。当传统机器学习范式不再满足时,这些 LRM 的性能出现了很大程度的下降甚至是失效。

(2)为了开展跨阶逻辑学习,本章提出了一个跨阶逻辑任务 Open – set Fashion – Logic,并构建了 Open – set Fashion – Logic 数据集,该数据集的训练集的位数长度和序列长度较短,而测试集的位数长度和序列长度很长,这是一个非常具有挑战性的跨阶逻辑数据集。

(3)针对当前推理模型跨阶能力不强的问题,本章借鉴人类的多粒度认知,提出了粒化逻辑推理学习模型来解决跨阶逻辑任务。该方法将 Open – set Fashion – Logic 任务从位数长度和序列长度两个维度粒化为一系列子任务,然后利用性能好的 LRM 对这些子任务进行求解,最后将这些子任务的结果组织整合得到最终的结果。大量的实验证明了该方法在推理方面的优越性。

在逻辑学习任务上,本章突破了传统机器学习范式,为解决开放逻辑学习任务提供了一种新视角,对跨阶逻辑的发展起到了推动作用。

# 第六章 面向内嵌图像语义广义布尔逻辑检索的多元逻辑融合学习模型

第二章从逻辑的可学习性对数据驱动的视觉逻辑学习展开了相关研究,第三章到第五章系统性地验证了逻辑可学习假说,本章将从应用层面开展逻辑学习对其他领域是否有促进作用的尝试性探索。以图搜图是用户常用的检索方式,然而当前检索系统一般只支持单张图像的搜索,这极大地限制了用户体验。为此,本章提出了内嵌图像语义的广义布尔逻辑检索任务,构建了第一个视觉逻辑检索数据集 Logic Animal,从视觉布尔逻辑学习的角度,设计了可以实现两张及以上图像检索任务的多元逻辑融合模型,为以图搜图背景下的用户提供了更加多样化的检索方式,奠定了基于逻辑语义的图像检索新范式。

## 第一节 问题描述

随着互联网的普及,图像数据的数量与日俱增,如何高效地从这些图像数据中查询到符合需求的图像是一项重要且具有挑战性的难题。为了解决这一难题,研究者提出了许多图像检索方法。早期的图像检索多使用基于文本的图像检索方法,基于文本的图像检索方法指的是一类使用关键字检索所需图像的方法,然而这种图像检索方法需要大量的人工标注,十分的费时费力,另外由于不同人对同一图像理解存在差异性,标注准确度不高。因此提出了基于内容的图像检索方法,这类图像检索方法提取图像本身的颜色、纹理等特征并使用这些特征去完成图像检索任务。前期使用的图像特征提取方法大多是手工设计的,所提取的特征的语义信息较为匮乏;随着深度学习的兴起,研究者们提出了一系列基于深度学习的图像特征提取方法,可以提取到较为丰富的语义信息,从而可以更好地完成图像检索任务,使得图像检索领域得到了长足的发展。

然而,无论哪种检索方法,据我们所知,都是只关注单张图像的检索,而几乎没有方法关注满足一定逻辑关系的两张及以上图像的检索。以关键词为形式的检索数据库可以轻易地实现多个关键词检索,这是由于布尔逻辑检索方法针对的是关键词这种精确的符号形式,但其无法面向图像符号进行检索。然而用户在进行检索时,希望通过两张及以上图像和图像之间的某种逻辑关系来检索到需要的图像,例如,用户输入一张包含猫的图像和一张包含狗的图像,希望检索出猫和狗在一起的图像。

　　直观上来说,为了实现这种图像检索,可以通过两阶段检索、交集检索等来实现。下面以猫、狗两张图的"与"逻辑为例来说明这两种检索方法的实现过程。图 6.1(a)是多阶段检索,该检索方式首先使用猫图像在数据库中进行检索,得到一个包含猫的子数据库,然后使用狗图像在该子数据库中进行检索,得到包含猫、狗的子数据库即最终所需的检索结果。其中,第一个子数据库的大小是一个超参数。图 6.1(b)是交集检索,该检索方式分别使用猫图像、狗图像在数据库中进行检索得到各自的子数据库,然后两个子数据库取交集,得到最终所需的检索结果。在取交集的过程中,分别从各个子数据库中取 TOP – K 进行比较,如果交集不为空,则交集部分为所需的检索结果;如果交集为空,则扩大 TOP – K 的范围,如此往复直到交集部分满足检索需求为止。这两种检索方法一方面需要多次访问数据库,可能导致所需检索时间较长;另一方面由于分别使用各个图进行检索,因此得到的各个子数据库可能具有一定的偏向性。

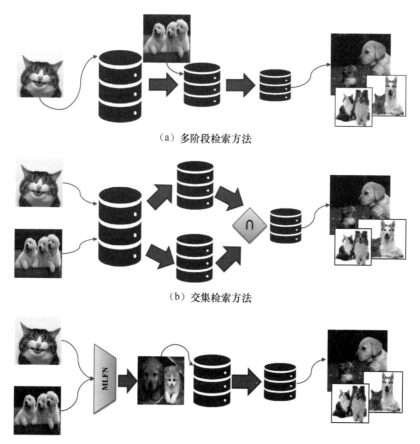

（a）多阶段检索方法

（b）交集检索方法

（c）MLFN方法

**图 6.1　传统图像检索方法与 MLFN 的区别**

为了更好地完成该检索任务,亟待开发基于逻辑的图像检索方法。因此,本章提出多元逻辑融合网络(Multi - Logic Fusion Network,MLFN),该模型首先分别对各个待检索图进行特征提取,然后根据给定的逻辑将提取的特征进行融合得到逻辑融合之后的特征,然后使用该特征完成检索任务。

## 第二节　多元逻辑融合网络

本章提出了 MLFN 这种基于逻辑的图像检索方法来完成涉及两张及以上图像的检索任务,图 6.1(a)是 MLFN 的示意图。下面继续以猫、狗两张图的"与"逻辑为例来说明其检索过程。该方法将"猫"图像和"狗"图像进行逻辑运算得到猫狗在一起的特征,然后使用该特征在数据库中直接进行检索得到所需的检索结果。具体来说,该方法分为特征提取模块、逻辑融合模块和分类器三部分。图 6.2 是 MLFN 的模型图。

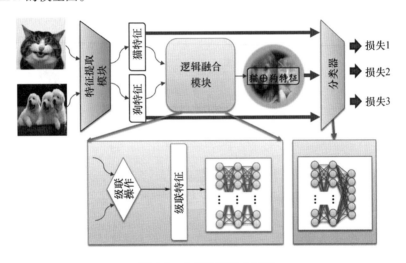

图 6.2　多元逻辑融合网络

(1)特征提取模块:将现有的代表性深度神经网络的分类层去掉作为特征提取模块的骨干网络,然后使用该骨干网络对待检索图"猫"图像和"狗"图像分别进行特征提取,得到猫特征和狗特征。在本章中,特征提取模块的骨干网络是由去掉分类层之后的 DenseNet 网络实现的。

(2)逻辑融合模块:该模块将猫特征和狗特征进行级联得到级联特征,然后将级联特征输入到逻辑融合网络得到猫⊕狗特征,在这里,⊕表示"与"逻辑。在本章中,逻辑融合网络是由一个三层的全连接网络实现的,每个隐层后面接一个 Re-LU 激活函数,每个隐层的神经元个数与猫特征(狗特征)的特征维度是相同的。

(3)分类器:分类器的总损失由两部分组成,如公式(6.1)所示,分别为各个待检索特征(猫特征、狗特征)的分类损失与逻辑特征(猫⊕狗特征)的分类损失。在本章中,该分类器是由一个三层的全连接网络实现的,前两个隐层后面接一个 Re-LU 激活函数,前两个隐层的神经元个数与各个待检索特征的特征维度是相同的,分类层后面接一个 Sigmoid 激活函数,编译时分类层的每个神经元使用一个二元交叉熵损失函数

$$\text{Loss} = \frac{1}{n} \sum_{i=1}^{n} \sum_{j=1}^{c} \Big( - \sum_{k=1}^{m} \alpha^k (y_{ij}^k \log \hat{y}_{ij}^k + (1 - y_{ij}^k) \log(1 - \hat{y}_{ij}^k))$$

$$( - \beta (y_{ij}^l \log \hat{y}_{ij}^l + (1 - y_{ij}^l) \log(1 - \hat{y}_{ij}^l)) \Big) \tag{6.1}$$

其中,$n$ 表示全部样本数量,$c$ 表示类别数量,$m$ 表示待检索特征个数,$y_{ij}^k$ 表示第 $i$ 个样本中第 $k$ 个待检索特征是否属于第 $j$ 类,$\hat{y}_{ij}^k$ 表示第 $i$ 个样本中第 $k$ 个待检索特征属于第 $j$ 类的预测概率,$y_{ij}^l$ 表示第 $i$ 个样本的逻辑特征是否属于第 $j$ 类,$\hat{y}_{ij}^l$ 表示第 $i$ 个样本的逻辑特征属于第 $j$ 类的预测概率,$\alpha^k$ 和 $\beta$ 是权重信息。

在检索阶段,采用 MLFN 的倒数第二层作为待检索特征,将待检索特征与检索库中的特征进行余弦相似性计算,然后根据大小进行排序,返回符合需求的检索结果。

MLFN 使用猫⊕狗特征去做检索,与多阶段检索和交集检索相比,这种检索方法的检索过程更符合人类认知,检索结果更符合需求,所需检索时间更短(只需访问一次数据库)。

# 第三节　有效性研究与分析

## 一、LogicAnimal 数据集

由于缺乏视觉逻辑检索数据集,因此本章收集整理了一个数据集,称之为 LogicAnimal。该数据集包括"与"和"非"两种逻辑,由于"或"逻辑的检索结果是在"与"逻辑的检索结果的基础上增加了各个待检索图各自的检索结果,因此这里不考虑"或"逻辑。根据图像中所包含目标的数量,该数据集可划分为包含单个目标的图像和目标组合的图像。其中,单个目标包含六种常见动物,分别为猫、狗、猴、马、兔和猪,目标组合是以上六种动物两两进行组合,共有 $C_6^2 = 15$ 种组合方式。LogicAnimal 数据集的处理过程主要分为数据收集、数据预处理、数据增强和数据集生成四步。

数据收集:首先使用 Python 语言编写爬虫软件,然后在各大图像搜索引擎如百度、Microsoft Bing 等进行数据爬取,接着将数据清洗去掉不合格的数据。单个目标的图像获取较为容易,但目标组合的图像获取十分困难。因此,对于目标组合的图像来说,主要通过在自然场景下进行拍摄和从相关视频中截取来获取。最

终获取的单个目标的图像每种约 650 张,目标组合的图像除了罕见组合(兔猪组合、兔猴组合、猴马组合和兔马组合)以外每种组合有 70 张,罕见组合每种组合约 35 张。

数据预处理:上一步收集到的数据可能存在无关的边框、Logo 以及一些敏感信息(如人脸)等噪声,因此,需要将这些噪声信息去除。在不损失数据有用信息的前提下,以最小代价对噪声信息进行裁剪,尽量将图像剪裁为接近正方形的形状。另外,对于存在噪声信息且无法剪裁的位置进行马赛克处理。最后,将所有图像转化为 RGB 图像并统一调整为 224 px × 224 px 大小。图 6.3 展示了部分预处理之后的图像。

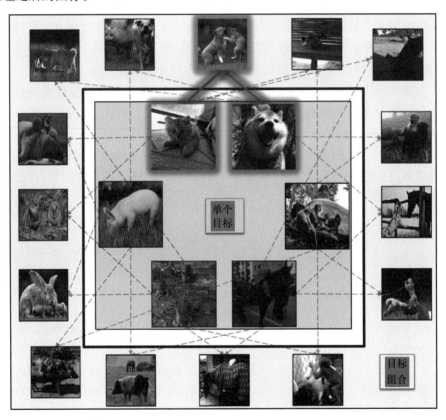

**图 6.3 部分预处理之后的图像展示**

数据增强:目标组合的图像的收集较为困难,导致数据集的规模有限,然而基于深度神经网络的方法需要在大规模数据上进行训练,因此本章对收集的图像进行数据增强操作。在本章中,共采用 9 种数据增强方式,分别为翻转、缩小、裁剪、色彩抖动、平移变换、遮挡、对比度、噪声扰动和旋转。图 6.4 是样本的数据增强示意图。

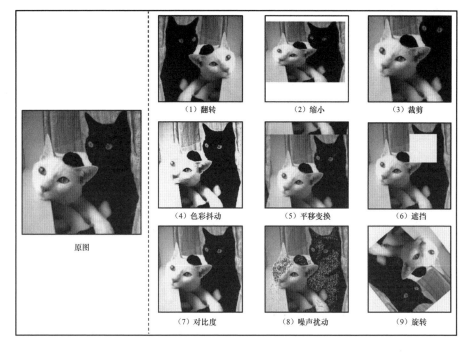

**图6.4　样本的数据增强示意图**

（1）翻转：翻转指的是将原图沿水平方向或垂直方向随机翻转。

（2）缩小：缩小指的是将原图的长和宽在 $\left[\frac{2}{3}, 1\right) \times 224$ px 范围内进行随机缩小，然后使用白色像素对缩小图的外轮廓进行 padding 操作，使其尺寸恢复至与原图尺寸一致。

（3）裁剪：裁剪指的是将原图的长和宽在 $\left[\frac{4}{5}, 1\right) \times 224$ px 范围内进行随机裁剪，然后将裁剪后的图放大至与原图尺寸一致。

（4）色彩抖动：色彩抖动指的是将原图的色彩进行轻微改变,具体来说,是随机调整图像的饱和度、亮度、对比度和锐度,其中,饱和度和锐度的随机因子的范围为 $[0, 31)/10$ ,亮度和对比度的随机因子的范围为 $[10, 21)/10$ 。

（5）平移变换：平移变换指的是将原图沿水平方向和垂直方向进行随机平移,平移范围为 $\left[0, \frac{1}{5}\right) \times 224$ px。

（6）遮挡：遮挡指的是使用随机大小的白色矩形块随机覆盖在原图上某个位置,白色矩形块的长和宽的范围为 $\left[0, \frac{1}{3}\right) \times 224$ px。

（7）对比度：对比度指的是将原图的对比度进行轻微改变,其中,对比度的随

机因子的范围为 $[10,21)/10$ 。

(8)噪声扰动:噪声扰动指的是将原图加入少量高斯噪声,其中,高斯噪声的均值和方差分别为0.2和10。

(9)旋转:旋转指的是将原图以随机角度顺时针旋转,随机角度的范围为 $[1°,360°)$ ,然后对超出原图的部分进行裁剪,空缺的地方使用白色像素进行填充,使其尺寸恢复至与原图尺寸一致。

数据集生成:LogicAnimal数据集主要包括"与"逻辑和"非"逻辑两种逻辑,下面将举例说明这两种逻辑样本的生成过程。为了方便起见,用A和B分别表示两张单个目标的图像,且这两张图像来自不同的类别,用AB表示一张目标组合的图像,且这张图像中包含A和B中的目标。那么,"与"逻辑可以表示为A+B=AB,"非"逻辑可以表示为AB−A=B。如图6.3红框标注的图像所示,当逻辑为"与",待检索图像为"猫"图像和"狗"图像时,检索结果为"猫和狗"图像;当逻辑为"非",待检索图像为"猫和狗"图像和"猫"图像时,检索结果为"狗"图像。

本章将单个目标的图像每种预留50张,目标组合的图像每种预留2张形成待检索集,将剩余图像进行训练集和测试集的划分用于训练和测试MLFN。对于待检索集来说,当逻辑为"与"时,从待检索集中随机选择一张A和一张B,A、B和"与"逻辑便形成一个样本,在本章中共生成1 005个这样的样本;当逻辑为"非"时,从待检索集中随机选择一张AB和一张A,这两张图像和"非"逻辑便形成一个样本,在本章中共生成1 020个这样的样本。

下面将描述训练样本的生成过程。当逻辑为"与"时,样本的生成方式有三种,一是随机选择一张A和一张B,然后与"与"逻辑组合作为输入,AB的标签作为输出;二是随机选择一张AB,然后与一张空白图(全黑图)、"与"逻辑组合作为输入,AB的标签作为输出;三是随机选择一张A,然后与一张空白图(全黑图)、"与"逻辑组合作为输入,A的标签作为输出。当逻辑为"非"时,样本的生成方式也有三种,一是随机选择一张AB和一张A,然后与"非"逻辑组合作为输入,B的标签作为输出;二是随机选择一张AB,然后与一张空白图(全黑图)、"非"逻辑组合作为输入,AB的标签作为输出;三是随机选择一张A,然后与一张空白图(全黑图)、"非"逻辑组合作为输入,A的标签作为输出。测试集和训练集的生成方式类似,此处不再赘述。对于每种检索逻辑,各生成50 400个训练样本,10 080个测试样本。

LogicAnimal数据集是一个十分具有挑战性的数据集,一是图像中的目标可能存在部分缺失、遮挡的问题,如某些目标穿着衣服或目标之间互相遮挡;二是目标可能存在一定的迷惑信息,如小狗戴着兔子形状的假耳朵,纯白色的猫和纯白色的狗;三是需要对待检索图像与检索逻辑进行逻辑运算才能检索得到正确的结果。

## 二、实验设置

在该实验中,MLFN 使用 Keras API(版本:2.1.6)实现,操作环境为 Ubuntu 16.04.4、512 GB DDR4 RDIMM、2X 40 – Core Intel(R) Xeon(R) CPU E5 – 2698 v4 @ 2.20GH 和 16GB GPU 内存的 NVIDIA Tesla P100。批处理大小设置为 32,为了获得良好的泛化性能,采用早停机制来选择模型的超参数,当模型在验证集上的分类正确率没有继续提高时,就停止训练。

## 三、评价指标

本章采用 TOP – K 准确度对所有方法进行性能评估,TOP – K 准确度的公式如式(6.2)和式(6.3)所示,下面将描述 TOP – K 准确度的计算过程。逻辑特征的真实类别标签由待检索图的类别标签与检索的逻辑种类共同决定。在计算一个样本的准确度时,用该样本的逻辑特征去检索库中进行检索,返回前 K 个检索结果,如果前 K 个检索结果中存在一个检索结果的类别标签与逻辑特征的真实类别标签相同,则说明该样本的检索结果正确,否则不正确。全部样本中检索结果正确的个数除以样本总个数得到的就是 TOP – K 准确度

$$\text{TOP} - K = \frac{1}{n} \sum_{i=1}^{n} \nabla(\text{top}(\hat{y}_i, y_i, k)) \tag{6.2}$$

其中 $n$ 表示全部样本的数量,$i$ 的取值范围从 1 到 $n$,$\hat{y}_i$ 表示检索结果的类别标签,$y_i$ 表示逻辑特征的真实类别标签,$k$ 表示前 $K$ 个检索结果,函数 TOP 返回 $y_i$ 是否在前 $K$ 个 $\hat{y}_i$ 组成的列表中,前 $K$ 个 $\hat{y}_i$ 指的是与逻辑特征余弦相似性排名前 $K$ 个检索结果的类别标签。$\nabla(\cdot)$ 是一个指标函数

$$\nabla(\cdot) = \begin{cases} 1, \text{如为真} \\ 0, \text{如为假} \end{cases} \tag{6.3}$$

TOP – K 的值越高说明该方法的性能越好。

## 四、实验结果与分析

本小节在 LogicAnimal 数据集上对传统图像检索方法与 MLFN 进行了比较与分析,实验结果如图 6.5 所示,需要说明的是多阶段检索 Subset – m 中的 m 是一个超参数,指的是第一个子数据库的大小,所有方法的待检索特征的特征维度都采用的是 256 维。图 6.5 展示了 K 从 1 取到 100 的实验结果,从图 6.5 中可以观察到:

(1)所有方法的 TOP – K 准确度都随着 K 的增加而增大。这说明所有方法都能在一定程度上完成 LogicAnimal 数据集上的检索任务。

(2)在多阶段检索中,超参数 m 对多阶段检索的 TOP – K 准确度有一定的影

响。$m$ 的最佳值与 $K$ 有一定的关系,$m$ 的最佳取值随 $K$ 的增加而增大。

(3)交集检索的 TOP $-K$ 准确度大多都高于多阶段检索的 TOP $-K$ 准确度。这是由于多阶段检索在检索时每个阶段仅考虑当前的待检索图,这导致最终的检索结果会有一定程度的偏向性,而交集检索在检索时同时考虑了全部待检索图,相比之下,交集检索的检索方式考虑的更为全面。

(4)与传统图像检索方法相比,MLFN 的 TOP $-K$ 准确度都是最高的。这是由于 MLFN 采用逻辑特征进行检索,这与人类在完成检索任务时的思维方式是一致的,因此 MLFN 比传统图像检索方法能更好地完成 LogicAnimal 数据集上的检索任务。尤其是 K 的值越小,MLFN 的优势越明显。例如,当 $K=1$ 时,MLFN 的 TOP $-$ 1 准确度为 72.34%,最好的传统方法(交集检索)的 TOP $-$ 1 准确度只有 13.8%。这说明基于逻辑的图像检索方法对解决涉及两张及以上待检索图的图像检索任务是有效的。

另外,由于传统图像检索方法本身的局限性,其无法完成基于"非"逻辑的图像检索任务。因此,图 6.5 只展示了"与"逻辑的比较结果,MLFN 的结果将在表 6.1 中展示。

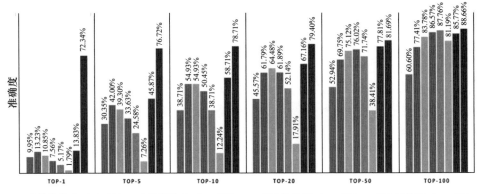

图 6.5　传统图像检索方法与 MLFN 在"与"逻辑上的 TOP $-K$ 准确度

接下来将从"与"逻辑和"非"逻辑两种逻辑关系出发,进一步探讨 MLFN 的逻辑特征的特征维度对 TOP $-K$ 准确度的影响,实验结果如表 6.1 所示。对于"与"逻辑来说,当特征维度为 256 时,MLFN 的大部分 TOP $-K$ 准确度是最高的。当 $K=100$ 时,特征维度为 1 024 的 MLFN 的 TOP $-$ 100 准确度是最高的。对于"非"逻辑来说,当特征维度为 1 024 时,MLFN 的大部分 TOP $-K$ 准确度是最高的。当 $K$ 取值较小时,特征维度为 512 或 128 的 MLFN 的 TOP $-$ 100 准确度较高。

表 6.1　**MLFN 在逻辑特征的不同特征维度上的 TOP－$K$ 准确度**

| 逻辑关系 | 特征维度 | TOP－1 | TOP－5 | TOP－10 | TOP－20 | TOP－50 | TOP－100 |
|---|---|---|---|---|---|---|---|
| "与"逻辑 | 1 024 | 63.38% | 75.32% | 76.82% | 78.11% | 79.50% | **92.44%** |
| | 512 | 69.35% | 74.23% | 75.32% | 76.72% | 79.40% | 87.96% |
| | 256 | **72.34%** | **76.72%** | **78.11%** | **79.40%** | **81.69%** | 88.66% |
| | 128 | 55.02% | 60.20% | 61.59% | 63.48% | 68.36% | 85.77% |
| "非"逻辑 | 1 024 | 18.04% | 40.49% | **60.98%** | **77.06%** | **92.06%** | **97.75%** |
| | 512 | **21.86%** | 39.51% | 44.41% | 50.29% | 62.65% | 76.37% |
| | 256 | 14.22% | 40.39% | 51.57% | 65.39% | 79.51% | 92.75% |
| | 128 | 20.59% | **40.59%** | 47.16% | 53.92% | 66.76% | 76.18% |

图 6.6 是在 LogicAnimal 数据集上的 TOP－10 检索结果的展示,其中,图 6.6(a)展示的是"与"逻辑的检索结果,图 6.6(b)展示的是"非"逻辑的检索结果。从图 6.6 可以观察到:

（a）"与"逻辑

（b）"非"逻辑

图 6.6　视觉效果

(1)对于"与"逻辑来说,待检索图是"猫"图像和"狗"图像,多阶段检索的检索结果都不正确,交集检索的检索结果中有两张正确,MLFN 的检索结果全部正确。这是由于多阶段检索在检索时每个阶段仅考虑当前的待检索图,导致最终的检索结果更偏向于最后一张待检索图,在这里,最后一张待检索图的种类是狗,因此最终检索出来更多的"狗"图像。而交集检索同时考虑全部待检索图,因此其检索效果优于多阶段检索的检索效果。MLFN 将待检索图进行逻辑融合之后用得到的逻辑特征进行检索,这种检索方式与人类在完成检索任务时的逻辑是一致的,因此检索效果更好,这进一步说明 MLFN 方法对解决涉及两张及以上待检索图的图像检索任务是有效的。

(2)对于"非"逻辑来说,MLFN 的检索结果中有两张正确,而且正确的检索结果比较靠前,这说明 MLFN 可以完成"非"逻辑的检索,基于逻辑的图像检索方法是合理的。

# 第四节  本 章 小 结

本章从应用层面开展了逻辑学习对内嵌图像语义的广义布尔逻辑检索任务是否有促进作用的尝试性探索,获得的主要结论如下。

(1)现有图像检索任务一般只关注单张图像的检索,而用户在进行检索时,会有两张及以上图像的检索需求。因此,本章提出了内嵌图像语义的广义布尔逻辑检索任务,该任务关注两张及以上图像的检索,构建了第一个逻辑检索数据集 LogicAnimal。

(2)本章提出了多元逻辑融合学习模型来完成该任务。该方法对各个待检索图进行特征提取,将提取的特征进行逻辑融合得到逻辑特征,然后使用逻辑特征在检索库中进行检索来完成检索任务。实验结果表明 MLFN 这种基于逻辑的图像检索方法可以有效完成两张及以上图像的检索任务,为以图搜图背景下的用户提供了更加多样化的检索方式。

本章对内嵌图像语义的广义布尔逻辑检索任务进行了分析与研究,从视觉布尔逻辑学习的角度为用户提供了更加多样化的检索方式,这一研究成果使得逻辑学习有望对其他领域产生促进作用,为逻辑学习生态建设提供了可借鉴思路。

# 第七章　结论及展望

本书从视觉角度出发,聚焦于算术逻辑、布尔逻辑、抽象推理、序列逻辑、跨阶逻辑、广义布尔逻辑检索等逻辑学习问题,从逻辑的可学习性、系统性验证和应用三个层次对数据驱动的视觉逻辑模式发现方法展开了相关研究,使机器可以从数据中自动学习逻辑模式,从而使机器具有逻辑推理能力,进一步推动人工智能的发展。本书取得的主要研究成果和创新概括如下:

## 一、基于算术逻辑和布尔逻辑验证了逻辑的可学习性假说

对"逻辑是否可以学习"进行了尝试性研究,在机器学习视角下,定义了逻辑学习、逻辑系统以及逻辑学习任务的推理形式,首次明确提出了在未定义任何推理模式的前提下直接从图像中学习和推理逻辑关系的 LiLi 任务,这为视觉逻辑学习任务的设计提供了指导性方法。作为视觉逻辑学习的初步探索,在 LiLi 任务框架下设计了 3 个算术逻辑数据集和 3 个布尔逻辑数据集,对于机器来说图像的内容与图像之间内嵌的逻辑规则是未知的。为了证实该假说,本书对现有的代表性深度神经网络的逻辑推理能力进行评估,得到如下结论:在未定义逻辑模式的前提下,逻辑模式是可以从图像中直接学习得到的,但并非全部的逻辑任务都是可学习的。针对上述评价模型在复杂逻辑任务中表现不佳的问题,设计了分治模型,将极具挑战的乘法算术逻辑的准确度从 0.36% 提升到 84.46%,为复杂逻辑任务的学习提供了新思路。这些结果初步建立了视觉逻辑学习的建模体系,为数据驱动的逻辑学习提供了基础保障。

## 二、面向抽象推理任务开展了系统性研究

将复杂符号、非降路径引入到抽象推理数据集的设计中,构建了更鲁棒、更安全、更具有挑战性的面向抽象推理任务的评测数据集 FNP,为现有抽象推理数据集面临的内嵌符号简单、推理路径固定、推理信息泄露问题提供了有效解决方案;将多尺度建模思想引入到关系网络的设计过程中,提出了可以很好平衡面板之间关系规模和多样性的多粒度多尺度关系网络,解决了现有模型对数据集推理路径探索不充分,利用数据集推理路径信息设计的网络存在泛化性弱的问题。

## 三、为序列逻辑任务提供了新的建模思路

在 LiLi 任务框架下,提出了序列预测任务 Fashion – Sequence,构建了面向等

差、等比、斐波那契、卢卡斯等的视觉序列基准数据集,通过研究当前序列建模的假设"与当前时刻有关的信息出现在其上下文中,且通常越靠近当前时刻的数据对于预测任务贡献越大",指出了这种假设可能是不合理的,提出了一种数据驱动的自适应上下文序列权重分配的序列预测方法,为序列逻辑任务提供了新的建模思路,也为天气预报、路况预测等相关问题的建模提供了可借鉴的手段。

## 四、为非机器学习范式下的跨阶逻辑任务的解决提供了新思路与新视角

在 LiLi 任务框架下,提出了跨阶逻辑任务,针对算术逻辑与布尔逻辑的跨位数长度、跨序列长度构建了跨阶逻辑基准数据集 Open – set Fashion – Logic,该数据集中测试集的位数长度和序列长度与训练集的位数长度和序列长度是完全不同的。将人类的多粒度认知能力引入到逻辑学习中,提出了粒化逻辑推理网络,该模型有效突破了传统机器学习范式对分布要求一致的限制。研究结果为解决开放逻辑学习任务提供了一种新视角,促进了数据驱动逻辑学习研究的发展。

## 五、开展了内嵌图像语义的广义布尔逻辑检索的应用研究

开展了逻辑学习对其他领域是否有促进作用的尝试性探索,提出了内嵌图像语义的广义布尔逻辑检索任务,构建了第一个视觉逻辑检索数据集 LogicAnimal,从视觉布尔逻辑学习的角度,设计了可以实现两张及以上图像检索任务的多元逻辑融合模型,为以图搜图背景下的用户提供了更加多样化的检索方式,也为逻辑学习生态建设提供了可借鉴思路。

整体来说,本书在逻辑的可学习性、系统性验证和应用三个研究阶段都取得了一些重要研究成果,初步形成了一个数据驱动的视觉逻辑模式发现方法体系。然而,还有一些重要问题需要进一步深入分析,今后的工作计划从如下三方面展开:

第一,符号化、抽象化、概念化、公式化是人类易于理解的表示形式,如何将学习到的逻辑模式嵌入解析为人类可理解的表示形式是非常有趣、有价值的研究内容。

第二,电磁波、文本、音频、视频等模态都是人类常用的信息保存方式,同视觉模态一样,也隐藏着重要的逻辑模式,继续在其他模态数据、甚至多种模态共存的数据上开展逻辑学习研究将会是非常有趣和具有挑战性的。

第三,人类定义逻辑无论对于人工智能的发展还是人类社会的发展都产生了重要的影响,将学习到的逻辑引入到其他研究领域和应用领域,使它们互相受益,建立它们之间的良性循环生态也将是逻辑学习的重要研究内容。

　　总之,逻辑推理使人类具有"举一反三""小样本学习""见微知著"等特有能力,逻辑学习旨在使机器拥有这种能力,使其可以在极不相同领域、不同任务之间灵活自如的工作,有望对人工智能的发展产生划时代的影响。

# 参 考 文 献

[1]COLOM R, KARAMA S, JUNG R E, et al. Human intelligence and brain networks[J]. Dialogues in Clinical Neuroscience, 2010, 12(4):489 – 501.

[2]MOUSAVI S M, ABDULLAH S, NIAKI S T A, et al. An intelligent hybrid classification algorithm integrating fuzzy rule – based extraction and harmony search optimization:Medical diagnosis applications[J]. Knowledge – Based Systems, 2021, 220:106943.

[3]JIANG H B, ZHAN J M, SUN B Z, et al. An MADM approach to covering – based variable precision fuzzy rough sets:an application to medical diagnosis[J]. International Journal of Machine Learning and Cybernetics, 2020, 11 (9): 2181 – 2207.

[4]SUN B Z, ZHOU X M, LIN N N. Diversified binary relation – based fuzzy multigranulation rough set over two universes and application to multiple attribute group decision making[J]. Information Fusion, 2020, 55:91 – 104.

[5]SHANG R H, SONG J Z, JIAO L C, et al. Double feature selection algorithm based on low – rank sparse non – negative matrix factorization[J]. International Journal of Machine Learning and Cybernetics, 2020:1 – 18.

[6]JAVIDI M M. Feature selection schema based on game theory and biology migration algorithm for regression problems[J]. International Journal of Machine Learning and Cybernetics, 2021, 12(2):303 – 342.

[7]WANG C Z, HU Q H, WANG X Z, et al. Feature selection based on neighborhood discrimination index[J]. IEEE Transactions on Neural Networks and Learning Systems, 2017, 29(7):2986 – 2999.

[8]LIANG X Y, GUO Q, QIAN Y H, et al. Evolutionary deep fusion method and its application in chemical structure recognition[J]. IEEE Transactions on Evolutionary Computation, 2021, 25(5):883 – 893.

[9]LI J H, HUANG C C, QI J J, et al. Three – way cognitive concept learning via multigranularity[J]. Information Sciences, 2017, 378(1):244 – 263.

[10]BEI YANG X, CHEN LIANG S, LONG YU H, et al. Pseudo – label neighborhood rough set:measures and attribute reductions[J]. International Journal of Ap-

proximate Reasoning, 2019, 105:112 – 129.

[11] YU YAO Y. Three – way granular computing, rough sets, and formal concept a-
nalysis [J]. International Journal of Approximate Reasoning, 2020, 116:
106 – 125.

[12] ZHANG Q H, CHEN Y H, YANG J, et al. Fuzzy entropy:a more comprehensi-
ble perspective for interval shadowed sets of fuzzy sets[J]. IEEE Transactions on
Fuzzy Systems, 2019, 28(11):3008 – 3022.

[13] TRAN S N, GARCEZ A S D. Deep logic networks:inserting and extracting
knowledge from deep belief networks[J]. IEEE Transactions on Neural Networks
and Learning Systems, 2016, 29(2):246 – 258.

[14] 刘清,刘群. 粒及粒计算在逻辑推理中的应用[J]. 计算机研究与发展,
2004, 41(4):546 – 551.

[15] GUO Y T, TSANG E C, XU W H, et al. Local logical disjunction double – quan-
titative rough sets[J]. Information Sciences, 2019, 500:87 – 112.

[16] HU Q H, ZHANG L, AN S, et al. On robust fuzzy rough set models[J]. IEEE
Transactions on Fuzzy Systems, 2011, 20(4):636 – 651.

[17] ZHANG P F, LI T R, WANG G Q, et al. Multi – source information fusion based
on rough set theory:A review[J]. Information Fusion, 2021, 68:85 – 117.

[18] SHE Y H, HE X L, SHI H X, et al. A multiple – valued logic approach for mul-
tigranulation rough set model[J]. International Journal of Approximate Reason-
ing, 2017, 82:270 – 284.

[19] WU W Z, HUA QIAN Y, LI T J, et al. On rule acquisition in incomplete multi-
scale decision tables[J]. Information Sciences, 2017, 378:282 – 302.

[20] QIAN Y H, LI Y B, LIANG J Y, et al. Fuzzy granular structure distance[J].
IEEE Transactions on Fuzzy Systems, 2015, 23(6):2245 – 2259.

[21] YAN R T, YU Y, QIU D. Emotion – enhanced classification based on fuzzy rea-
soning [J]. International Journal of Machine Learning and Cybernetics, 2021:
1 – 12.

[22] XU W H, WANG Q R, ZHANG X T. Multi – granulation fuzzy rough sets in a
fuzzy tolerance approximation space[J]. International Journal of Fuzzy Systems,
2011, 13(4):246 – 259.

[23] PING LIN G, YE LIANG J, HUA QIAN Y. An information fusion approach by
combining multigranulation rough sets and evidence theory[J]. Information Sci-
ences, 2015, 314:184 – 199.

[24] PEARL J. Evidential reasoning using stochastic simulation of causal models[J].

Artificial Intelligence, 1987, 32(2):245 – 257.

[25]TAN A H, WU W Z, TAO Y Z. A unified framework for characterizing rough sets with evidence theory in various approximation spaces[J]. Information Sciences, 2018, 454:144 – 160.

[26]ZHEN SUN B, MIN MA W, JIANG LI B, et al. Three – way decisions approach to multiple attribute group decision making with linguistic information – based decision theoretic rough fuzzy set[J]. International Journal of Approximate Reasoning, 2018, 93:424 – 442.

[27]YU YAO Y. Probabilistic rough set approximations[J]. International Journal of Approximate Reasoning, 2008, 49(2):255 – 271.

[28]YAO Y Y. Three – way decisions with probabilistic rough sets[J]. Information Sciences, 2010, 180(3):341 – 353.

[29]SHE Y H, HE X L, QIAN Y H, et al. A quantitative approach to reasoning about incomplete knowledge [J]. Information Sciences, 2018, 451 – 452:100 – 111.

[30]TENENBAUM J B, GRIFFITHS T L, KEMP C. Theory – based bayesian models of inductive learning and reasoning[J]. Trends in Cognitive Sciences, 2006, 10(7):309 – 318.

[31]YANG Z L, BONSALL S, WANG J. Fuzzy rule – based bayesian reasoning approach for prioritization of failures in fmea[J]. IEEE Transactions on Reliability, 2008, 57(3):517 – 528.

[32]LECUN Y, BENGIO Y, HINTON G. Deep learning[J]. Nature, 2015, 521(7553):436 – 444.

[33]吴文俊. 数学机械化研究回顾与展望[J]. 系统科学与数学, 2008, 8:898 – 904.

[34]DAVIES A, VELIČKOVIĆ P, BUESING L, et al. Advancing mathematics by guiding human intuition with ai[J]. Nature, 2021, 600:70 – 74.

[35]ASSAEL Y, SOMMERSCHIELD T, SHILLINGFORD B, et al. Restoring and attributing ancient texts using deep neural networks[J]. Nature, 2022, 603:280 – 283.

[36]TORRES J M, COMESAÑA C I, GARCÍA – NIETO P J. Review:machine learning techniques applied to cybersecurity[J]. International Journal of Machine Learning and Cybernetics, 2019, 10(10):2823 – 2836.

[37]GUO Q, QIAN Y H, LIANG X Y, et al. Logic could be learned from images [J]. International Journal of Machine Learning and Cybernetics, 2021, 12(12):

3397 – 3414.

[38] MARR D. Vision:a computational investigation into the human representation and processing of visual information [ M/OL ]. Massachusetts:The MIT Press,2016 [ 2022 – 03 – 15 ]. https://doi. org/10. 7551/mitpress/ 9780262514620. 001. 0001.

[39] HOSHEN D, WERMAN M. IQ of neural networks[J/OL]. CoRR,2017. [2022 – 03 – 15]. http://arxiv. org/abs/1710. 01692.

[40] ZHENG K, JUN ZHA Z, WEI W. Abstract reasoning with distracting features [ R ]. Vancouver:MIT press, 2019:5842 – 5853.

[41] JAHRENS M, MARTINETZ T. Multi – layer relation networks for relational reasoning[ R ]. APPIS '19:Proceedings of the 2nd International Conference on Applications of Intelligent Systems. [ S. L. :s. n. ],2019,1 – 5.

[42] HAM Y G, KIM J H, LUO J J. Deep learning for multi – year enso forecasts[ J ]. Nature, 2019, 573(7775):568 – 572.

[43] SÖNDERBY C K, ESPEHOLT L, HEEK J, et al. MetNet:A neural weather model for precipitation forecasting[ J/OL ]. CoRR, [ 2022 – 03 – 15 ]. https:// doi. org/10. 48550/arXiv. 2003. 12140.

[44] LIN H T, GAO Z Y, WU L R, et al. Conditional local filters with explainers for spatio – temporal forecasting[ J/OL ]. CoRR,2021[ s. n. ]. [ 2022 – 03 – 15 ]. https://doi. org/10. 48550/arXiv. 2101. 01000.

[45] MUGGLETON S, OTERO R, COLTON S. Guest editorial:special issue on inductive logic programming[ J/OL ]. Machine Learning, [ 2022 – 03 – 15 ]. https:// doi. org/10. 1007/s10994 – 012 – 5315 – 6

[46] HOLZMAN T G, PELLIGRINO J W, GLASER R. Cognitive dimensions of numerical rule induction[ J ]. Journal of Educational Psychology, 1982, 74(3): 360 – 373.

[47] FRANSES P H, GHIJSELS H. Additive outliers, garch and forecasting volatility [ J ]. International Journal of Forecasting, 1999, 15(1):1 – 9.

[48] TURE M, KURT I. Comparison of four different time series methods to forecast hepatitis a virus infection[ J ]. Expert Systems with Applications, 2006, 31(1): 41 – 46.

[49] PATEL J, SHAH S, THAKKAR P, et al. Predicting stock and stock price index movement using trend deterministic data preparation and machine learning techniques[ J ]. Expert Systems with Applications, 2015, 42(1):259 – 268.

[50] CHEN D, CANE M A, ZEBIAK S E, et al. Bias correction of an ocean – atmos-

phere coupled model [J]. Geophysical Research Letters, 2000, 27 (16):
2585 – 2588.

[51]CHEN D, CANE M A, KAPLAN A, et al. Predictability of el niño over the past
148 years[J]. Nature, 2004, 428(6984):733 – 736.

[52]YU H P, HUANG J P, CHOU J F. Improvement of medium – range forecasts u-
sing the analog – dynamical method[J]. Monthly Weather Review, 2014, 142:
1570 – 1587.

[53]HUANG J P, YI Y H, WANG S W, et al. An analogue – dynamical long – range
numerical weather prediction system incorporating historical evolution[J]. Quar-
terly Journal of the Royal Meteorological Society, 1993, 119(511):547 – 565.

[54]GNEITING T, RAFTERY A E. Weather forecasting with ensemble methods[J].
Science, 2005, 310(5746):248 – 249.

[55]ZHOU Z H. Abductive learning:towards bridging machine learning and logical
reasoning[J]. Science China Information Sciences, 2019, 62(7):1 – 3.

[56]TADRAT J, BOONJING V, PATTARAINTAKORN P. A new similarity measure
in formal concept analysis for case – based reasoning[J]. Expert Systems with
Applications, 2012, 39(1):967 – 972.

[57]SHAO M W, LV M M, LI K W, et al. The construction of attribute(object) –
oriented multi – granularity concept lattices[J]. International Journal of Machine
Learning and Cybernetics, 2020, 11(4):1017 – 1032.

[58]LI D Y, ZHANG S X, ZHAI Y H. Method for generating decision implication ca-
nonical basis based on true premises[J]. International Journal of Machine Learn-
ing and Cybernetics, 2017, 8(1):57 – 67.

[59]NILSSON N J. Probabilistic logic[J]. Artificial Intelligence, 1986, 28(1):71 –
87.

[60]NILSSON N J. Probabilistic logic revisited[J]. Artificial Intelligence, 1993, 59
(1 – 2):39 – 42.

[61]LI S Y, TAM L M, CHEN H K, et al. A novel – designed fuzzy logic control
structure for control of distinct chaotic systems[J]. International Journal of Ma-
chine Learning and Cybernetics, 2020(11):2391 – 2406.

[62]CHEN S M, CHENG S H, CHIOU C H. Fuzzy multiattribute group decision
making based on intuitionistic fuzzy sets and evidential reasoning methodology
[J]. Information Fusion, 2016, 27:215 – 227.

[63]QIAN Y H, LIANG X Y, QI W, et al. Local rough set:a solution to rough data
analysis in big data[J]. International Journal of Approximate Reasoning, 2018,

97:38 –63.

[64]LIN Y D, LI J J, TAN A H, et al. Granular matrix – based knowledge reductions of formal fuzzy contexts[J]. International Journal of Machine Learning and Cybernetics, 2020(11):643 –656.

[65]LI M M, CHEN M H, XU W H. Double – quantitative multigranulation decision-theoretic rough fuzzy set model[J]. International Journal of Machine Learning and Cybernetics, 2019, 10(5):3225 –3244.

[66]MIZUMOTO M, ZIMMERMANN H J. Comparison of fuzzy reasoning methods [J]. Fuzzy Sets and Systems, 1982, 8(3):253 –283.

[67]YEN J. Fuzzy logic – a modern perspective[J]. IEEE Transactions on Knowledge and Data Engineering, 1999, 11(1):153 –165.

[68]PEI D W. On the strict logic foundation of fuzzy reasoning[J]. Soft Computing, 2004, 8(8):539 –545.

[69]REN S Q, HE K M, GIRSHICK R, et al. Faster R – CNN:towards real – time object detection with region proposal networks[J]. IEEE Transactions on Pattern Analysis and Machine Intelligence, 2017, 39(6):1137 –1149.

[70]SHELHAMER E, LONG J, DARRELL T. Fully convolutional networks for semantic segmentation[J]. IEEE Transactions on Pattern Analysis and Machine Intelligence, 2017, 39(4):640 –651.

[71]CHEN L C, PAPANDREOU G, KOKKINOS I, et al. Deeplab:semantic image segmentation with deep convolutional nets, atrous convolution, and fully connected crfs[J]. IEEE Transactions on Pattern Analysis and Machine Intelligence, 2018, 40(4):834 –848.

[72]VINYALS O, TOSHEV A, BENGIO S, et al. Show and tell:lessons learned from the 2015 MSCOCO image captioning challenge[J]. IEEE Transactions on Pattern Analysis and Machine Intelligence, 2016, 39(4):652 –663.

[73]WU Q, SHEN C H, WANG P, et al. Image captioning and visual question answering based on attributes and external knowledge[J]. IEEE Transactions on Pattern Analysis and Machine Intelligence, 2018, 40(6):1367 –1381.

[74]HORNIK K, STINCHCOMBE M, WHITE H. Multilayer feedforward networks are universal approximators[J]. Neural Networks, 1989, 2(5):359 –366.

[75]ZADEH L A. Outline of a new approach to the analysis of complex systems and decision processes[J]. IEEE Transactions on Systems, Man and Cybernetics, 1973(1):28 –44.

[76]HOCHREITER S, SCHMIDHUBER J. Long short – term memory[J]. Neural

Computation, 1997, 9(8):1735 – 1780.

[77] HINTON G E, SALAKHUTDINOV R R. Reducing the dimensionality of data with neural networks[J]. Science, 2006, 313(5786):504 – 507.

[78] QIAN Y H, LIANG J Y, YAO Y Y, et al. MGRS:A multi – granulation rough set[J]. Information Sciences, 2010, 180(6):949 – 970.

[79] KE L J, ZHANG Q F, BATTITI R. Hybridization of decomposition and local search for multiobjective optimization[J]. IEEE Transactions on Cybernetics, 2014, 44(10):1808 – 1820.

[80] QIAN Y H, LIANG J Y, PEDRYCZ W, et al. Positive approximation:An accelerator for attribute reduction in rough set theory[J]. Artificial Intelligence, 2010, 174(9 – 10):597 – 618.

[81] TAN A H, WU W Z, SHIA S, et al. Granulation selection and decision making with multigranulation rough set over two universes[J]. International Journal of Machine Learning and Cybernetics, 2019, 10(9):2501 – 2513.

[82] CHEN L, HUANG P F, LI Y H, et al. Edge – dependent efficient grasp rectangle search in robotic grasp detection[J]. IEEE/ASME Transactions on Mechatronics, 2021, 26(6):2922 – 2931.

[83] XIAO H, RASUL K, VOLLGRAF R. Fashion – MNIST:a novel image dataset forbenchmarking machine learning algorithms[J/OL]. CoRR,2017 [2022 – 03 – 15]. http://arxiv. org/ abs/1708. 07747.

[84] ZADEH L A. Toward a theory of fuzzy information granulation and its centrality in human reasoning and fuzzy logic[J]. Fuzzy Sets and Systems, 1997, 90(2):111 – 127.

[85] TING WANG J, HUA QIAN Y, JIANG LI F, et al. Fusing fuzzy monotonic decision trees[J]. IEEE Transactions on Fuzzy Systems, 2020, 28(5):887 – 900.

[86] ZHAO H, WANG P, HUA HU Q, et al. Fuzzy rough set based feature selection for large – scale hierarchical classification[J]. IEEE Transactions on Fuzzy Systems, 2019, 27(10):1891 – 1903.

[87] WANG Y, HUA HU Q, FEI ZHU P, et al. Deep fuzzy tree for large – scale hierarchical visual classification[J]. IEEE Transactions on Fuzzy Systems, 2020, 28(7):1395 – 1406.

[88] JIANG LI F, HUA QIAN Y, TING WANG J, et al. Clustering ensemble based on sample's stability[J]. Artificial Intelligence, 2019, 273:37 – 55.

[89] HOU W H, WANG Y T, WANG J Q, et al. Intuitionistic fuzzy c – means clustering algorithm based on a novel weighted proximity measure and genetic algorithm

[J]. International Journal of Machine Learning and Cybernetics, 2021, 12(3):
859 – 875.

[90]YU H, CHANG Z H, WANG G Y, et al. An efficient three – way clustering algorithm based on gravitational search[J]. International Journal of Machine Learning and Cybernetics, 2020, 11(5):1003 – 1016.

[91]YU H, CHEN Y, LINGRAS P, et al. A three – way cluster ensemble approach for large – scale data[J]. International Journal of Approximate Reasoning, 2019, 115:32 – 49.

[92]CHENG H H, QIAN Y H, HU Z G, et al. Association mining method based on neighborhood perspective[J]. Scientia Sinica Informationis, 2020, 50(6):824 – 844.

[93]TAWHID M A, IBRAHIM A M. Feature selection based on rough set approach, wrapper approach, and binary whale optimization algorithm[J]. International Journal of Machine Learning and Cybernetics, 2020, 11(3):573 – 602.

[94]WANG D, MEI CHEN H, RUI LI T, et al. A novel quantum grasshopper optimization algorithm for feature selection[J]. International Journal of Approximate Reasoning, 2020, 127:33 – 53.

[95]HUA JIANG Z, YU LIU K, BEI YANG X, et al. Accelerator for supervised neighborhood based attribute reduction[J]. International Journal of Approximate Reasoning, 2020, 119:122 – 150.

[96]LIU K Y, YANG X B, YU H L, et al. Supervised information granulation strategy for attribute reduction[J]. International Journal of Machine Learning and Cybernetics, 2020, 11(9):2149 – 2163.

[97]YE D J, LIANG D C, LI T, et al. Multi – classification decision – making method for interval – valued intuitionistic fuzzy three – way decisions and its application in the group decision – making[J]. International Journal of Machine Learning and Cybernetics, 2021, 12(3):661 – 687.

[98]YANG L, HUA XU W, YAN ZHANG X, et al. Multi – granulation method for information fusion in multi – source decision information system[J]. International Journal of Approximate Reasoning, 2020, 122:47 – 65.

[99]FANG PANG J, QIANG GUAN X, YE LIANG J, et al. Multi – attribute group decision – making method based on multi – granulation weights and three – way decisions[J]. International Journal of Approximate Reasoning, 2020, 117:122 – 147.

[100]QIAN Y H, ZHANG H, SANG Y L, et al. Multigranulation decision – theoretic

rough sets [J]. International Journal of Approximate Reasoning, 2014, 55:
225 – 237.

[101]HUA QIAN Y, YAN LIANG X, PING LIN G, et al. Local multigranulation de-
cisiontheoretic rough sets[J]. International Journal of Approximate Reasoning,
2017, 82:119 – 137.

[102]WU W Z, LEUNG Y. Theory and applications of granular labelled partitions in
multiscale decision tables [J]. Information Sciences, 2011, 181 (18):
3878 – 3897.

[103]SCHMID U, KITZELMANN E. Inductive rule learning on the knowledge level
[J]. Cognitive Systems Research, 2011, 12(3 – 4):237 – 248.

[104]FLENER P, SCHMID U. An introduction to inductive programming[J]. Artifi-
cial Intelligence Review, 2008, 29(1):45 – 62.

[105]KALEKAR P S. Time series forecasting using holt – winters exponential smoot-
hing [J]. Kanwal Rekhi School of Information Technology, 2004(13):1 – 13.

[106]GOODWIN P. The holt – winters approach to exponential smoothing:50 years old
and going strong[J]. Foresight the International Journal of Applied Forecasting,
2010(19):30 – 33.

[107]DA VEIGA C P, DA VEIGA C R P, CATAPAN A, et al. Demand forecasting
in food retail:a comparison between the holt – winters and arima models[J].
WSEAS Transactions on Business and Economics, 2014, 11(1):608 – 614.

[108]MAIA A L S, CARVALHO F. Holt's exponential smoothing and neural network
models for forecasting interval – valued time series[J]. International Journal of
Forecasting, 2011, 27(3):740 – 759.

[109]LAKE B M, SALAKHUTDINOV R, TENENBAUM J B. Human – level concept
learning through probabilistic program induction [J]. Science, 2015, 350
(6266):1332 – 1338.

[110]SEGLER M, WALLER M. Neural symbolic machine learning for retrosynthesis
and reaction prediction[J]. Chemistry:A European Journal, 2017, 23(25):
5966 – 5971.

[111]HUA HU Q, YU D, FU LIU J, et al. Neighborhood rough set based heterogene-
ous feature subset selection [J]. Information Sciences, 2008, 178 (18):
3577 – 3594.

[112]QIAN Y H, CHENG H H, WANG J T, et al. Grouping granular structures in
human granulation intelligence[J]. Information Sciences, 2017, 382:150 – 169.

[113]ZHONG WANG C, HUANG Y, PING DING W, et al. Attribute reduction with

fuzzy rough self – information measures[J]. Information Sciences, 2021, 549: 68 – 86.

[114]ZADEH L. Some reflections on soft computing, granular computing and their roles in the conception, design and utilization of information/intelligent systems [J]. Soft Computing, 1998, 2(1):23 – 25.

[115]ZADEH L. Fuzzy logic equals computing with words[J]. IEEE Transactions on Fuzzy Systems, 1996, 4(2):103 – 111.

[116]LIN T Y, et al. Granular computing on binary relations II:rough set representations and belief functions[J]. Rough Sets in Knowledge Discovery, 1998, 1: 122 – 140.

[117]YAGER R R, FILEV D P. Fuzzy rule based models and approximate reasoning [M]//Fuzzy Systems. Springer, 1998:91 – 133.

[118]QIAN J, HUI LIU C, QIAN MIAO D, et al. Sequential three – way decisions via multigranularity[J]. Information Sciences, 2020, 507:606 – 629.

[119]YAO Y Y, SHE Y H. Rough set models in multigranulation spaces[J]. Information Sciences, 2016, 327:40 – 56.

[120]XIONG LI H, BO ZHANG L, HUANG B, et al. Sequential three – way decision and granulation for cost – sensitive face recognition[J]. Knowledge – Based Systems, 2016, 91:241 – 251.

[121]QIAN Y H, LI F J, LIANG J Y, et al. Space structure and clustering of categorical data[J]. IEEE Transactions on Neural Networks and Learning Systems, 2015, 27(10):2047 – 2059.

[122]YU YAO Y. Three – way decision and granular computing[J]. International Journal of Approximate Reasoning, 2018, 103:107 – 123.

[123]PING DING W, DONG WANG J, HUA WANG J. Multigranulation consensus fuzzyrough based attribute reduction[J]. Knowledge – Based Systems, 2020, 198:105945.

[124]HUANG B, XIANG GUO C, LIANG ZHUANG Y, et al. Intuitionistic fuzzy multigranulation rough sets[J]. Information Sciences, 2014, 277:299 – 320.

[125]PING LIN G, YE LIANG J, HUA QIAN Y. Multigranulation rough sets:From partition to covering[J]. Information Sciences, 2013, 241:101 – 118.

[126]HUA XU W, TING GUO Y. Generalized multigranulation double – quantitative decision – theoretic rough set[J]. Knowledge – Based Systems, 2016, 105: 190 – 205.

[127]YANG X B, SONG X N, CHEN Z H, et al. On multigranulation rough sets in

incomplete information system [ J ]. International Journal of Machine Learning Cybernetics, 2012, 3(3):223 – 232.

[128]EIBEN Á E, HINTERDING R, MICHALEWICZ Z. Parameter control in evolutionary algorithms[ J ]. IEEE Transactions on Evolutionary Computation, 1999, 3(2):124 – 141.

[129]PREETHY BYJU A, DEMIR B, BRUZZONE L. A progressive content – based image retrieval in JPEG 2000 compressed remote sensing archives[ J ]. IEEE Transactions on Geoscience and Remote Sensing, 2020, 58(8):5739 – 5751.

[130]WU Q H. Image retrieval method based on deep learning semantic feature extraction and regularization softmax [ J ]. Multimedia Tools and Applications, 2020, 79(13):9419 – 9433.

[131]ROY S, SANGINETO E, DEMIR B, et al. Metric – learning – based deep hashing network for content – based retrieval of remote sensing images[ J ]. IEEE Geoscience and Remote Sensing Letters, 2021, 18(2):226 – 230.

[132]ZHOU W A, LI H Q, SUN J, et al. Collaborative index embedding for image retrieval[ J ]. IEEE Transactions on Pattern Analysis and Machine Intelligence, 2018, 40(5):1154 – 1166.

[133]IAKOVIDOU C, ANAGNOSTOPOULOS N, LUX M, et al. Composite description based on salient contours and color information for cbir tasks[ J ]. IEEE Transactions on Image Processing, 2019, 28(6):3115 – 3129.

[134]SHABBIR Z, IRTAZA A, JAVED A, et al. Tetragonal local octa – pattern( t – lop) based image retrieval using genetically optimized support vector machines [ J ]. Multimedia Tools and Applications, 2019, 78(16):23617 – 23638.

[135]ZHENG Y, GUO B L, YAN Y Y, et al. O2O method for fast 2d shape retrieval [ J ]. IEEE Transactions on Image Processing, 2019, 28(11):5366 – 5378.